[길잡이]

토질 및 기초기술사

토질 및 기초기술사·토목시공기술사 박재성 지음

BM (주)도서출판 성안당

■ 도서 A/S 안내

성안당에서 발행하는 모든 도서는 저자와 출판사, 그리고 독자가 함께 만들어 나갑니다.

좋은 책을 펴내기 위해 많은 노력을 기울이고 있습니다. 혹시라도 내용상의 오류나 오탈자 등이 발견되면 "좋은 책은 나라의 보배"로서 우리 모두가 함께 만들어 간다는 마음으로 연락주시기 바랍니다. 수정 보완하여 더 나은 책이 되도록 최선을 다하겠습니다.

성안당은 늘 독자 여러분들의 소중한 의견을 기다리고 있습니다. 좋은 의견을 보내주시는 분에게는 성안당 쇼핑몰의 포인트(3,000포인트)를 적립해 드립니다.

잘못 만들어진 책이나 부록 등이 파손된 경우에는 교환해 드립니다.

저자 문의 e-mail : jsp2585@hanmail.net(박재성)

본서 기획자 e-mail : coh@cyber.co.kr(최옥현)

홈페이지 : http://www.cyber.co.kr   전화 : 031) 950-6300

PREFACE

현대를 살아가는 이들에게는 국제화·세계화·정보화가 필연적이며, 이러한 무한경쟁에서 앞서가기 위해서는 자신의 실력을 연마하고 노력하는 자세가 꼭 필요하다 하겠다.

건설업에 종사하는 기술인들에게는 이제 기술사 취득이 더 이상 선택요건이 아닌 필수요건이 되어가고 있다.

이에 바쁜 일상생활에서 좀 더 효율적으로 공부하기 위해 기술사 준비의 해심을 정리하여 기술사 취득에 도움이 되고자 이 책을 발간한다.

그간 공부와 자격증 취득에 필요성을 느끼고 있으면서 시간의 제약 때문에 많은 시간을 공부하지 못한 분들과 장기간 공부를 하면서 해심을 제대로 간파하지 못하여 자격증 취득이 늦어지고 있는 분들을 위하여 단기간에 기술사 준비를 완성할 수 있도록 하는 것이 이 책의 목적이다.

학원에서의 강의와 이 책의 내용을 함께 습득하면 최대한 빨리 자격증을 취득할 수 있을 것이며, 학습의 편의를 위해 꼭 필요하다고 생각한다.

┌─────────────────────────────┐
│ **이 책의 특징**
│ 1. 토질 및 기초기술사 깊잡이 중심의 요약·정리
│ 2. 각 공종별로 핵심사항을 일목요연하게 전개
│ 3. 암기를 위한 기억법 추가
│ 4. 강사의 다년간의 Know-How 공개
│ 5. 주요 부분의 도해화로 연상암기 가능
└─────────────────────────────┘

끝으로 이 책을 발간하기까지 도와주신 주위의 여러 분들과 성안당 이종춘 회장님 및 편집부 직원분들의 노고에 감사드리며, 이 책이 출간되도록 허락하신 하나님께 영광을 돌린다.

저자 박재성

차례

Contents

제1장 흙의 성질 및 분류

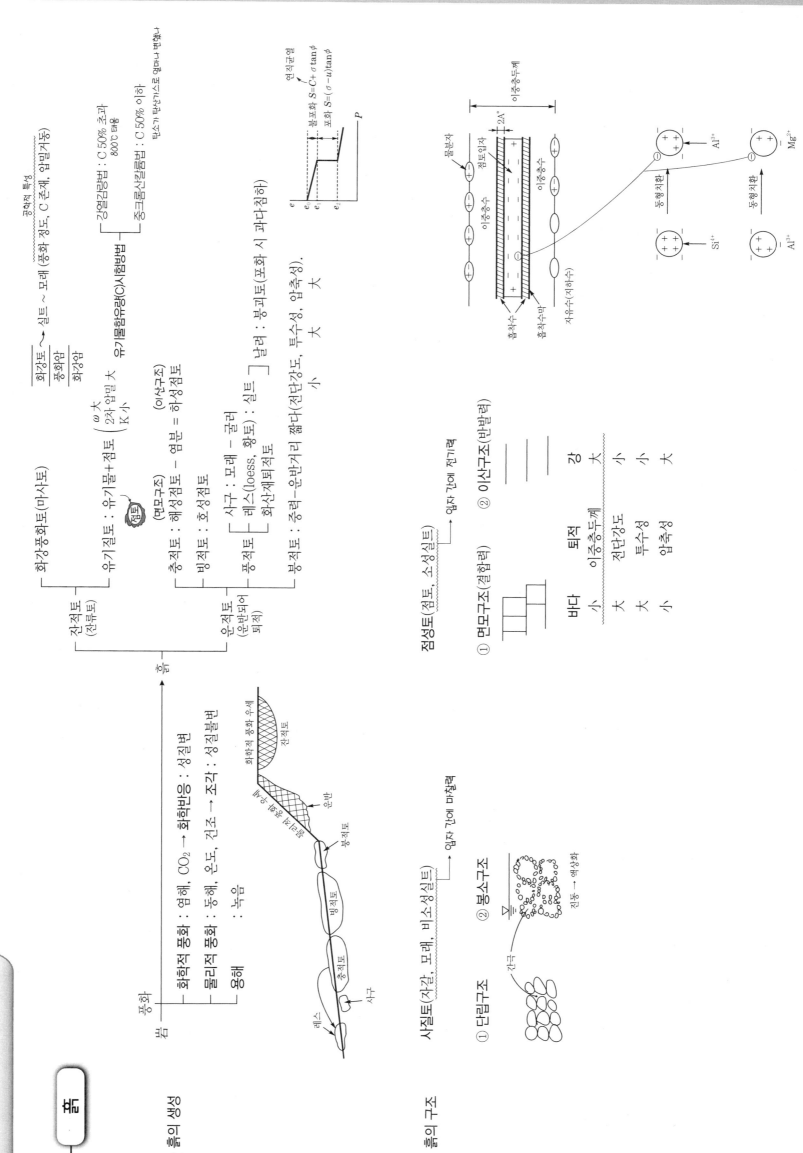

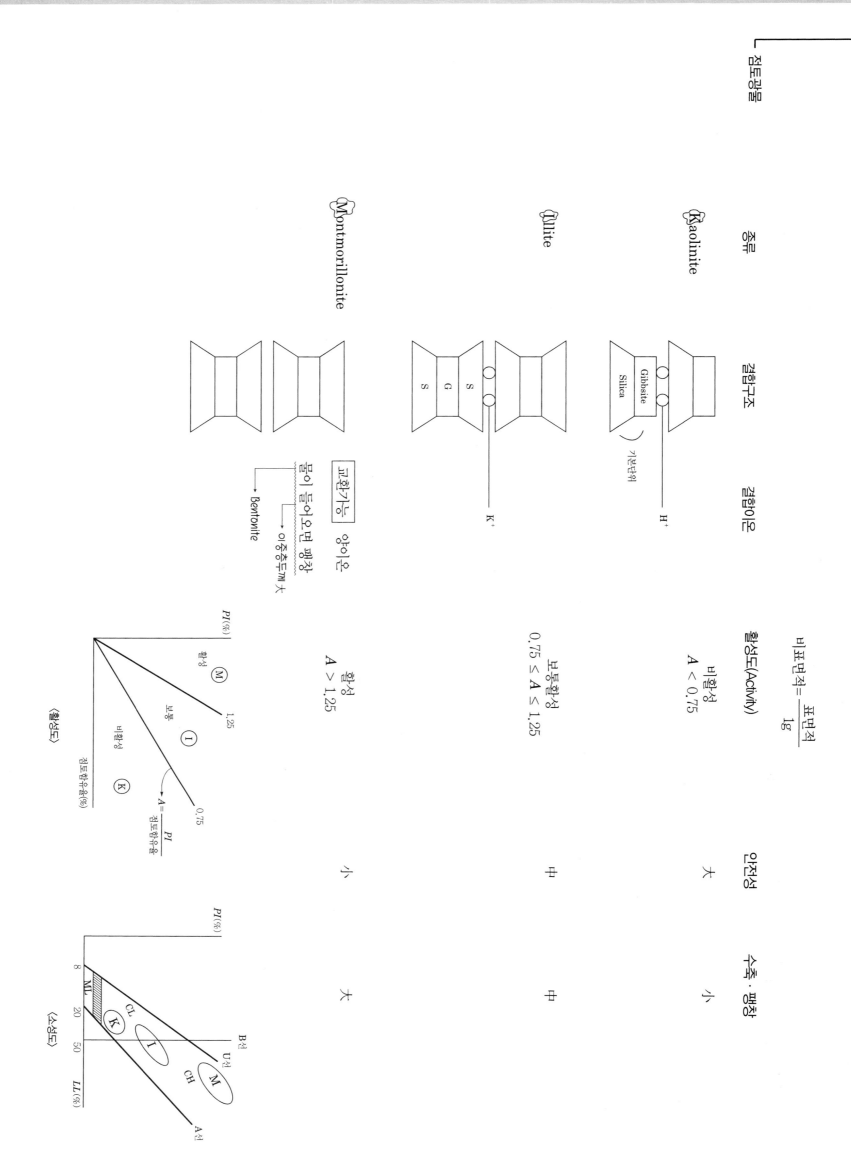

흙의 기본성질

삼상도에서 산정

① $e = \dfrac{V_v}{V_s}$

② $n = \dfrac{V_v}{V} \times 100(\%)$

③ $S_r = \dfrac{V_w}{V_v} \times 100(\%)$

V_v는 불변이란 개념

④ $w = \dfrac{W_w}{W_s} \times 100(\%)$　└ 직접시험

⑤ $w' = \dfrac{W_w}{W} \times 100(\%)$

⑥ $G_s = \dfrac{r_s}{r_w} = \dfrac{\frac{W_s}{V_s}}{\frac{W_w}{V_w}}$

상관성에서 산정

⑦ $S_r e = G_s w$

⑧ $r_t = \dfrac{W}{V} = \dfrac{G_s + S_r e}{1+e} r_w$

⑨ $r_d = \dfrac{W_s}{V} = \dfrac{G_s r_w}{1+e}$

⑩ $r_{sat} = \dfrac{W}{V} = \dfrac{G_s + e}{1+e} r_w$

⑪ $r_{sub} = r_{sat} - r_w = \dfrac{G_s - 1}{1+e} r_w$

⑫ $r_d = \dfrac{r_t}{1+w}$

∴ $r_{sat} > r_t > r_d > r_{sub}$

$S_r e r_w = G_s w r_w$　$G_s r_w$

간극비에서 산정
(사질토 공학적 성질 판단)

⑬ 상대밀도(Relative Density)

$D_r = \dfrac{e_{max} - e}{e_{max} - e_{min}} \times 100(\%) = \dfrac{r_{d\max}}{r_d} \times \dfrac{r_d - r_{d\min}}{r_{d\max} - r_{d\min}} \times 100(\%)$

$e_{max} - e$ → 大 ⇒ D_r 大

$e = \dfrac{G_s r_w}{r_d} - 1$　〈비중(G_s)시험 건조밀도(r_d)시험〉 e 산정

임경가적곡선(입도분포곡선)에서 산정
(사질토 공학적 성질 판단)

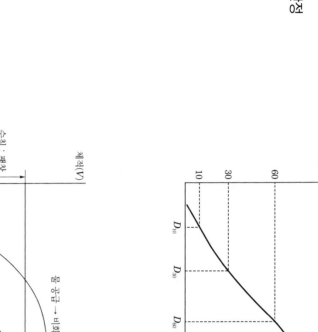

입경가적곡률 (%)

자갈 모래 일반 흙 점인도

⑭ $C_u = \dfrac{D_{60}}{D_{10}}$ $C_u > 4$ $C_u > 6$ $C_u > 10$

⑮ $C_g = \dfrac{(D_{30})^2}{D_{10} D_{60}}$ $C_g = 1\sim3$

$\begin{pmatrix} LL \\ PI \\ A \end{pmatrix}$ 大 $= \begin{pmatrix} 점토분 多 \\ 함수비 영향 大 \\ 수축·팽창 大 \\ 외부영향 大 \end{pmatrix}$ = 연약지반 = 기초 도로 (×)

Atterberg(Consistency)한계에서 산정
(점성토 공학적 성질 판단)

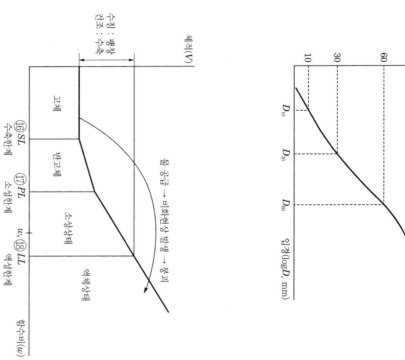
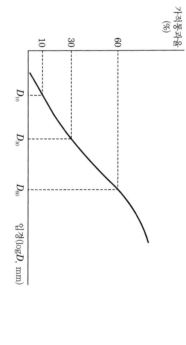
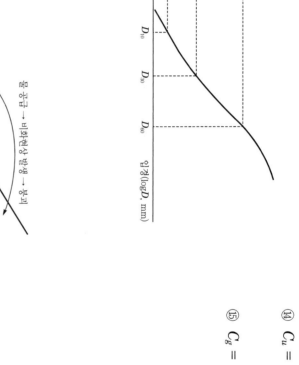
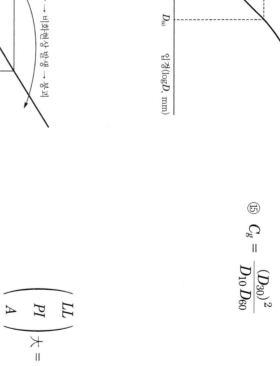

체적(V)

흙 공극 → 비화현상 발생 → 붕괴

고체 반고체 소성상태 액성상태

⑯ SL(수축한계) ⑰ PL(소성한계) w_n ⑱ LL(액성한계)

함수비(w)

수축 : 팽창 건조 : 수축

SI(수축지수) | PI(소성지수)

⑲ 액성지수 ⑳ 연경지수

② $LI = \dfrac{w_n - PL}{PI}$ → 大 → LL쪽 → LI 大

② $CI = \dfrac{LL - w_n}{PI}$ → 大 → PL쪽 → CI 大

공기건조

Bulking

$-\Delta r_d = \dfrac{W}{V} \uparrow \Rightarrow$ 체적팽창

포화

건조사질토+물 = 체적팽창(Bulking)

건조점토+물 = 토립자팽창(팽윤, Swelling)

건조점토 + 물 = 체적팽창(미화, Slaking)

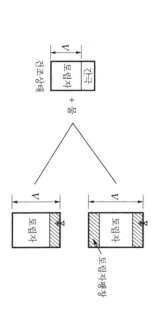

건조상태 → 토립자

+ 물

토립자팽창

팽윤(Montmorillonite 함유가 많은 점토, 안)

비구속 : 토립자팽창 < 구속 : 팽윤억발성

비화(Kaolinite, Illite 함유가 많은 점토, 안)

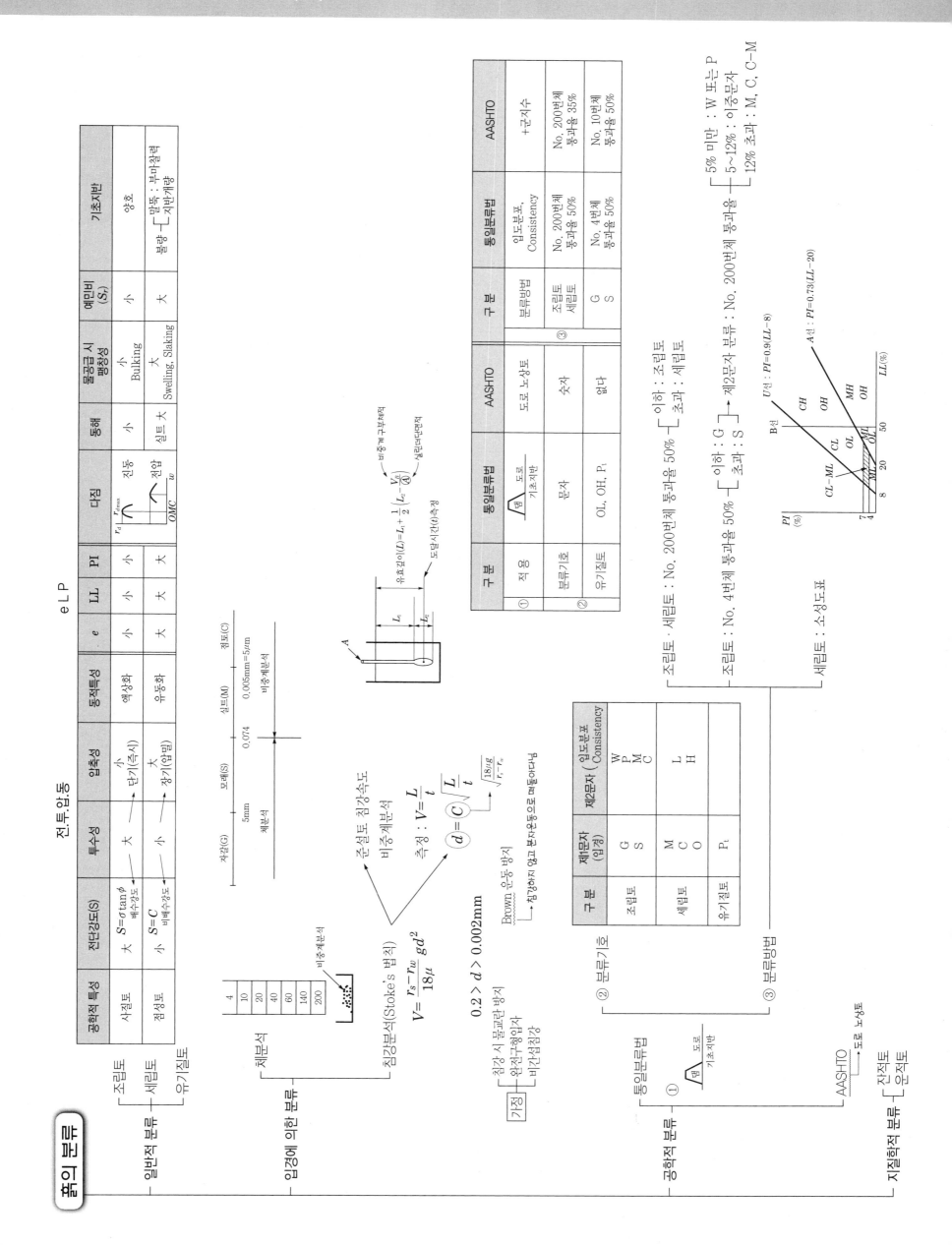

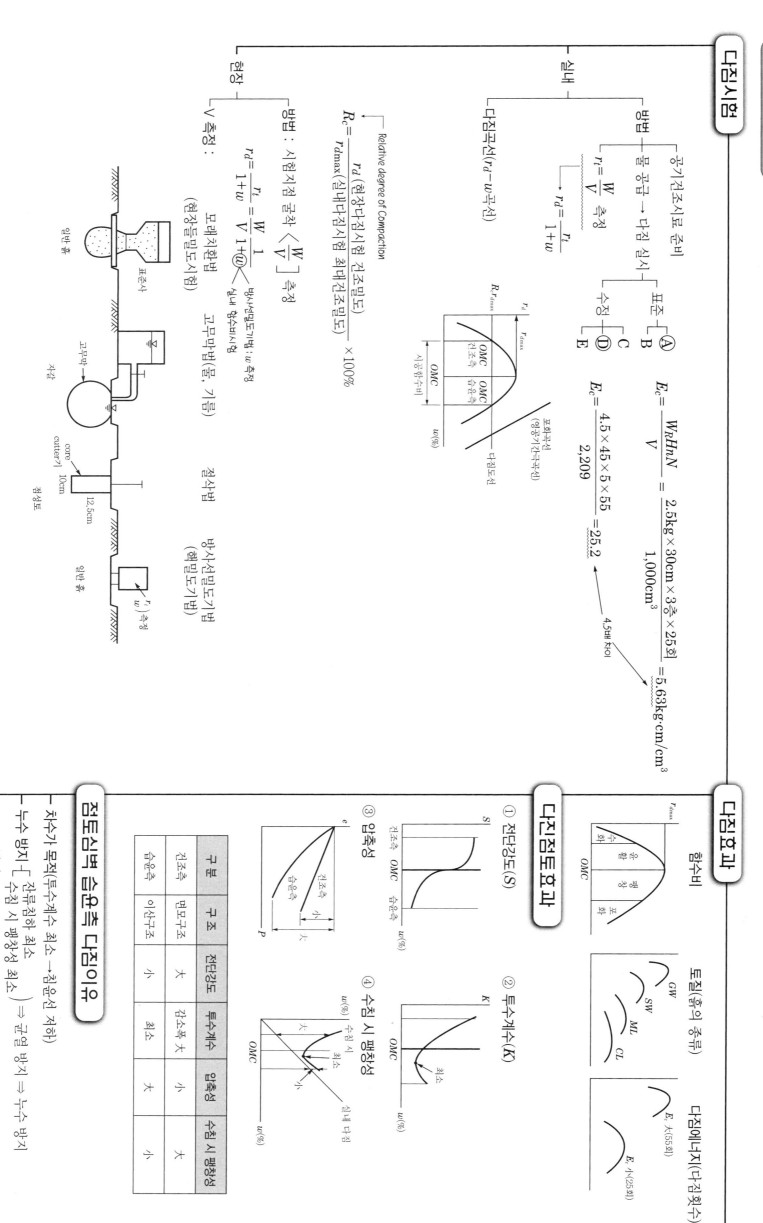

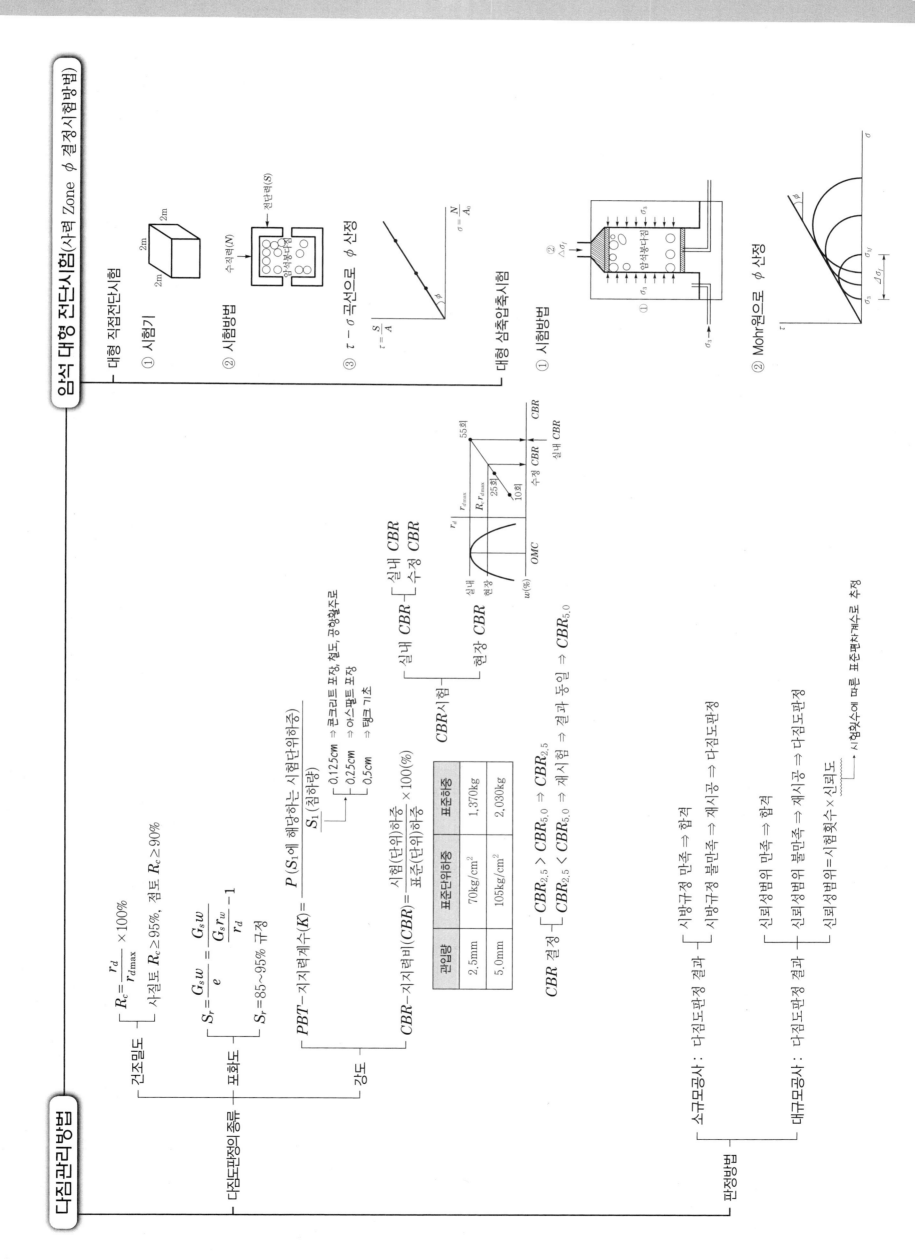

암석 대형 전단시험(사력 Zone φ 결정시험방법)

대형 직접전단시험
① 시험기 (2m × 2m × 2m)
② 시험방법 — 수직력(N), 전단력(S), 암석봉다짐
③ $\tau - \sigma$ 곡선으로 φ 산정

$$\tau = \frac{S}{A} \qquad \sigma = \frac{N}{A_0}$$

대형 삼축압축시험
① 시험방법 — σ_3, σ_1, $\Delta\sigma_1$, 암석봉다짐
② Mohr원으로 φ 산정

다짐관리방법

판정방법

다짐도판정의 종류

- 건조밀도
  $$R_c = \frac{r_d}{r_{d\max}} \times 100\%$$
  사질토 $R_c \geq 95\%$, 점토 $R_c \geq 90\%$

- 포화도
  $$S_r = \frac{G_s w}{e} = \frac{G_s w}{\dfrac{G_s r_w}{r_d} - 1}$$
  $S_r = 85 \sim 95\%$ 규정

- 강도
  - PBT — 지지력계수(K) $= \dfrac{P\,(S_1\text{에 해당하는 시험단위하중})}{S_1\,(\text{침하량})}$
    - 0.125cm ⇒ 콘크리트 포장, 철도, 공항활주로
    - 0.25cm ⇒ 아스팔트 포장
    - 0.5cm ⇒ 탱크 기초
  - CBR — 지지력비(CBR) $= \dfrac{\text{시험(단위)하중}}{\text{표준(단위)하중}} \times 100(\%)$

관입량	표준단위하중	표준하중
2.5mm	70kg/cm²	1,370kg
5.0mm	105kg/cm²	2,030kg

CBR시험
- 실내 CBR — 실내 CBR, 수정 CBR
- 현장 CBR

CBR 결정
- $CBR_{2.5} > CBR_{5.0} \Rightarrow CBR_{2.5}$
- $CBR_{2.5} < CBR_{5.0} \Rightarrow$ 재시험 $\Rightarrow$ 결과 동일 $\Rightarrow CBR_{5.0}$

소규모공사 : 다짐도판정 결과
- 시방규정 만족 ⇒ 합격
- 시방규정 불만족 ⇒ 재시공 ⇒ 다짐도판정

대규모공사 : 다짐도판정 결과
- 신뢰성범위 만족 ⇒ 합격
- 신뢰성범위 불만족 ⇒ 재시공 ⇒ 다짐도판정
- 신뢰성범위 = 시험횟수 × 신뢰도
  ⟶ 시험횟수에 따른 표준편차계수로 추정

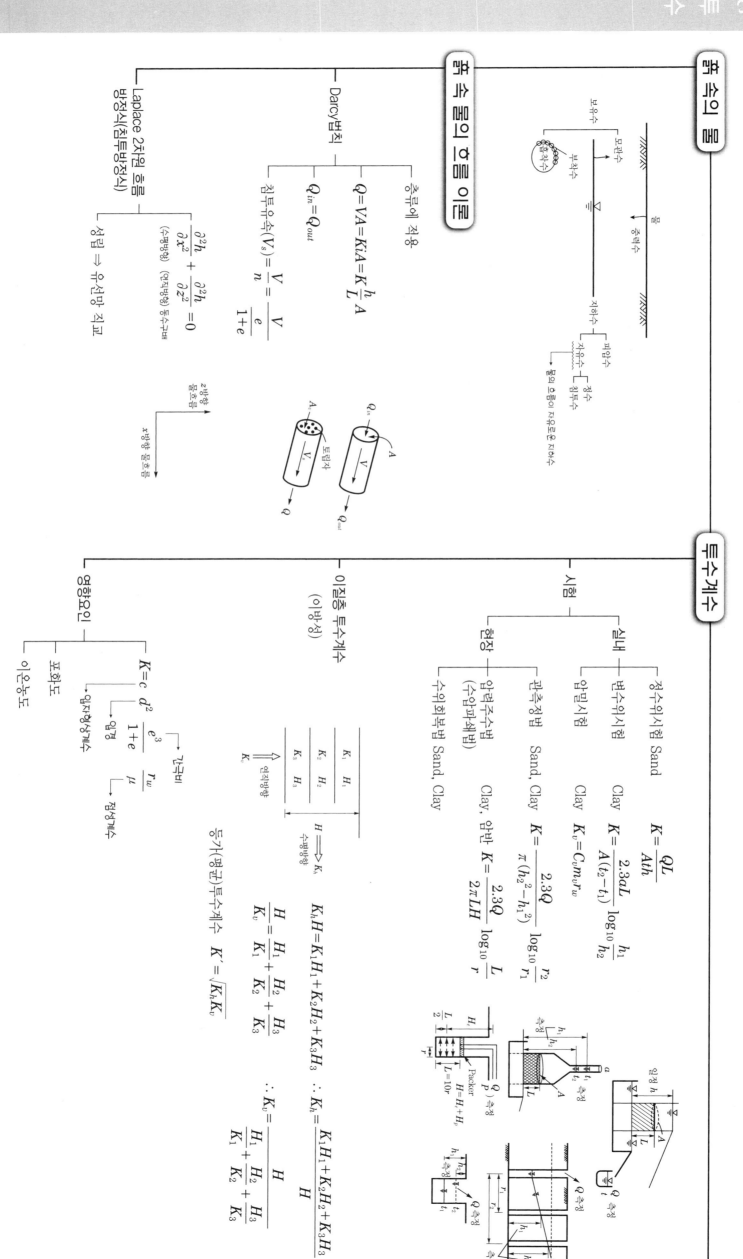

제3장 투수

흙 속의 물 - 투수계수 - 침투압 - 유선망 - 흙댐 - 모관현상 - 지반 내 응력분포

흙 속의 물

- 모관수
- 지하수 ┬ 피압수
  - 자유수 ┬ 정수
    - 침투수

흙 속의 흐름 이론

Darcy법칙

흙 입자에 작용

$$Q=VA=KiA=K\frac{h}{L}A$$

$$\text{침투유속}(V_s)=\frac{V}{n}=\frac{V}{\dfrac{e}{1+e}}$$

$$Q_{in}=Q_{out}$$

Laplace 2차원 흐름
방정식(침투방정식)

$$\frac{\partial^2 h}{\partial x^2}+\frac{\partial^2 h}{\partial z^2}=0$$

(수평방향) (연직방향) 등수두선
성립 ⇒ 유선망 직교

투수계수

시험

- 실내 ┬ 정수위시험 Sand
  - 변수위시험 Clay
  - 압밀시험 Clay

- 현장 ┬ 양수정법 Sand, Clay
  - 압력주수법 Clay, 암반
  - 수위회복법 Sand, Clay

정수위시험 Sand
$$K=\frac{QL}{Ath}$$

변수위시험 Clay
$$K=\frac{2.3aL}{A(t_2-t_1)}\log_{10}\frac{h_1}{h_2}$$

압밀시험
$$K_v=C_v m_v \gamma_w$$

양수정법
$$K=\frac{2.3Q}{\pi(h_2{}^2-h_1{}^2)}\log_{10}\frac{r_2}{r_1}$$

압력주수법
$$K=\frac{2.3Q}{2\pi LH}\log_{10}\frac{L}{r}$$

이질층 투수계수
(이방성)

$$K_h H=K_1H_1+K_2H_2+K_3H_3 \quad \therefore K_h=\frac{K_1H_1+K_2H_2+K_3H_3}{H}$$

$$\frac{H}{K_v}=\frac{H_1}{K_1}+\frac{H_2}{K_2}+\frac{H_3}{K_3} \quad \therefore K_v=\frac{H}{\dfrac{H_1}{K_1}+\dfrac{H_2}{K_2}+\dfrac{H_3}{K_3}}$$

등가(평균)투수계수 $K'=\sqrt{K_h K_v}$

영향요인

$$K=c\ d^2\ \frac{e^3}{1+e}$$

- 포화도
- 이온농도

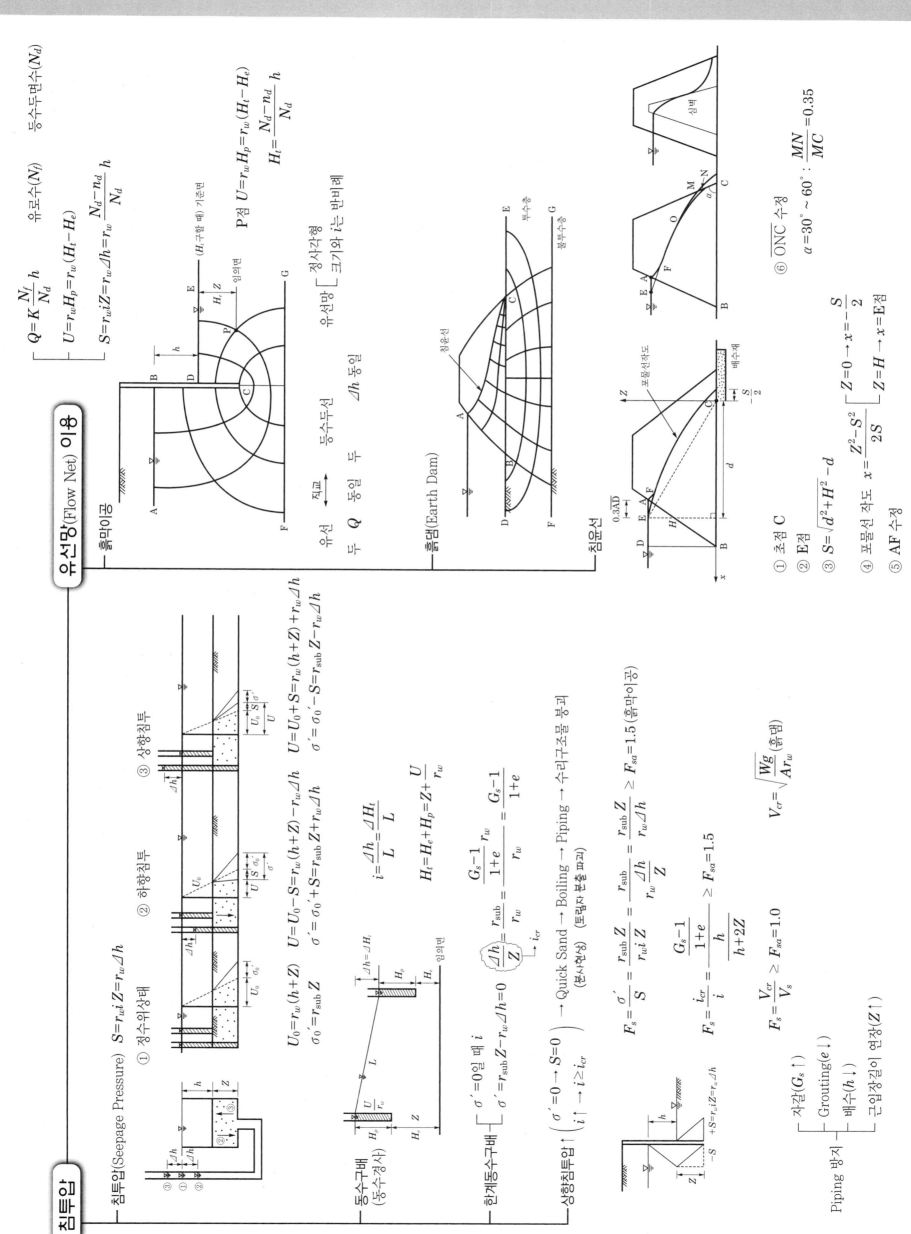

침투압

유선망(Flow Net) 이용

침투압(Seepage Pressure)

$S = r_w i Z = r_w \Delta h$

① 정수위상태

② 하향침투

③ 상향침투

$U_0 = r_w(h+Z)$ $U = U_0 - S = r_w(h+Z) - r_w \Delta h$ $U = U_0 + S = r_w(h+Z) + r_w \Delta h$

$\sigma_0{}' = r_{sub} Z$ $\sigma' = \sigma_0{}' + S = r_{sub} Z + r_w \Delta h$ $\sigma' = \sigma_0{}' - S = r_{sub} Z - r_w \Delta h$

동수구배
(동수경사)

$i = \dfrac{\Delta h}{L} = \dfrac{\Delta H_t}{L}$

$H_t = H_e + H_p = Z + \dfrac{U}{r_w}$

한계동수구배

$\sigma' = 0$일 때 i

$\sigma' = r_{sub} Z - r_w \Delta h = 0$

$\dfrac{\Delta h}{Z} = \dfrac{r_{sub}}{r_w}$ ┐ i_{cr}

$\dfrac{\Delta h}{Z} = \dfrac{r_{sub}}{r_w} = \dfrac{G_s - 1}{1+e} \cdot \dfrac{r_w}{r_w} = \dfrac{G_s - 1}{1+e}$

상향침투압↑

$\left(\begin{array}{l} \sigma' = 0 \to S = 0 \\ i \uparrow \to i \geq i_{cr} \end{array} \right)$ → Quick Sand → Boiling → Piping → 수리구조물 붕괴

(분사현상) (토립자 분출 파괴)

$F_s = \dfrac{\sigma'}{S} = \dfrac{r_{sub} Z}{r_{wi} Z} = \dfrac{r_{sub}}{r_w} \dfrac{Z}{\Delta h} = \dfrac{r_{sub}}{r_w \Delta h} \dfrac{Z}{} \geq F_{sa} = 1.5$ (흙막이공)

$F_s = \dfrac{i_{cr}}{i} = \dfrac{\dfrac{G_s - 1}{1+e}}{\dfrac{h}{h+2Z}} \geq F_{sa} = 1.5$

$F_s = \dfrac{V_{cr}}{V_s} \geq F_{sa} = 1.0$

Piping 방지 ┌ 자갈($G_s \uparrow$)
├ Grouting($e \downarrow$)
├ 배수($h \downarrow$)
└ 근입장깊이 연장($Z \uparrow$)

$V_{cr} = \sqrt{\dfrac{Wg}{Ar_w}}$ (흙댐)

침투압

유선망(Flow Net) 이용

흙막이공

$Q = K \dfrac{N_f}{N_d} h$ ┐ 등수두면수(N_d)

$U = r_w H_p = r_w(H_t - H_e)$ 유로수(N_f)

$S = r_{wi} Z = r_w \Delta h = r_w \dfrac{N_d - n_d}{N_d} h$

P점 $U = r_w H_p = r_w(H_t - H_e) \dfrac{N_d - n_d}{N_d} h$

$H_t = \dfrac{N_d - n_d}{N_d} h$

(H_t구할 때) 기준면

유선   직교 ─ 등수두선
       ↕   등수두선

유선 ─ Q ─ 동일 ─ 두 ─ 동일

두 ─ Q ─ 동일 ─ 두 ─ Δh 동일

유선망 ┌ 정사각형
       └ 크기와 i는 반비례

흙댐(Earth Dam)

침윤선

침윤선

① 초점 C
② E점
③ $S = \sqrt{d^2 + H^2} - d$
④ 포물선 작도 $x = \dfrac{Z^2 - S^2}{2S}$ ┌ $Z = 0 \to x = -\dfrac{S}{2}$
                                        └ $Z = H \to x = $ E점
⑤ $\overline{AF}$ 수정
⑥ $\overline{ONC}$ 수정
$a = 30° \sim 60° : \dfrac{MN}{MC} = 0.35$

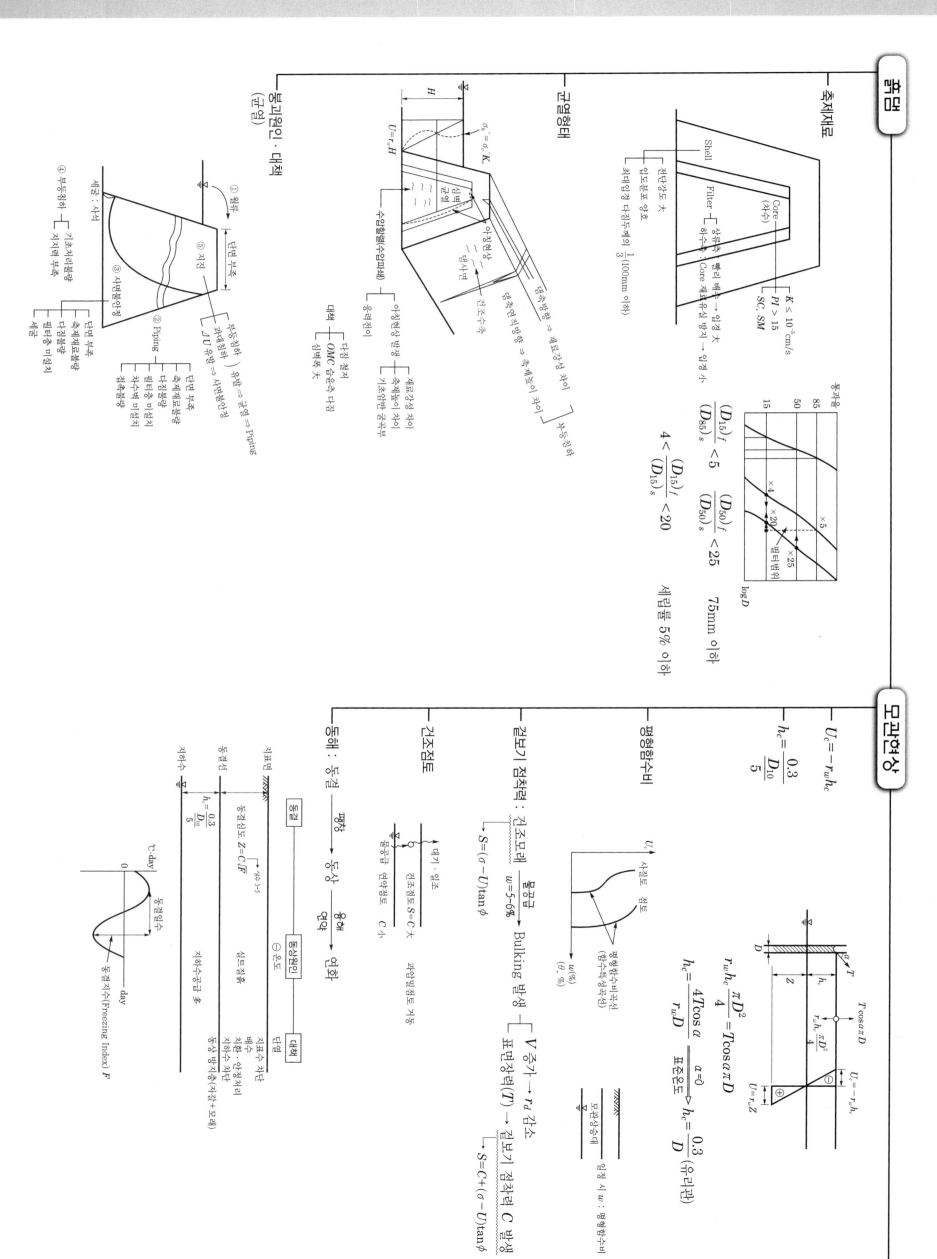

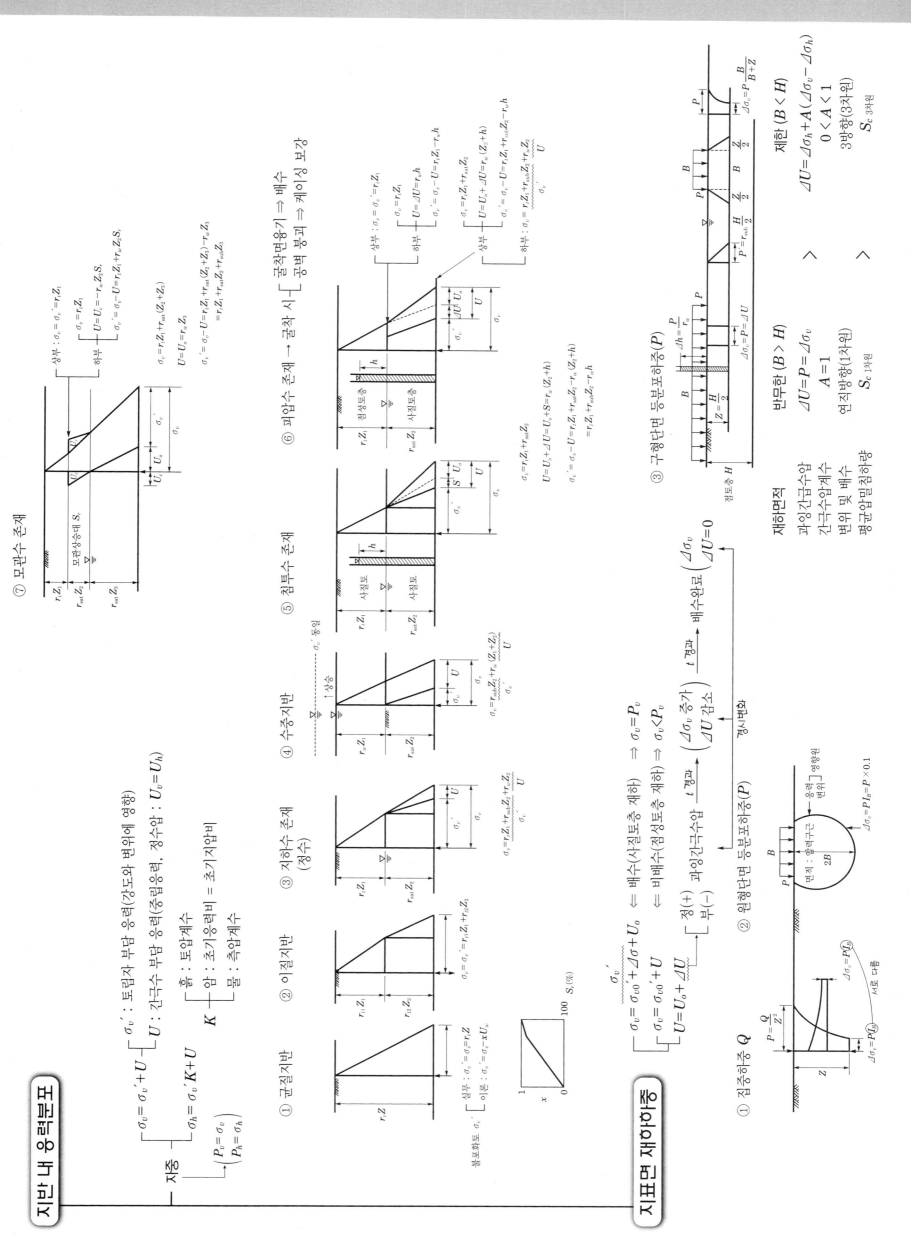

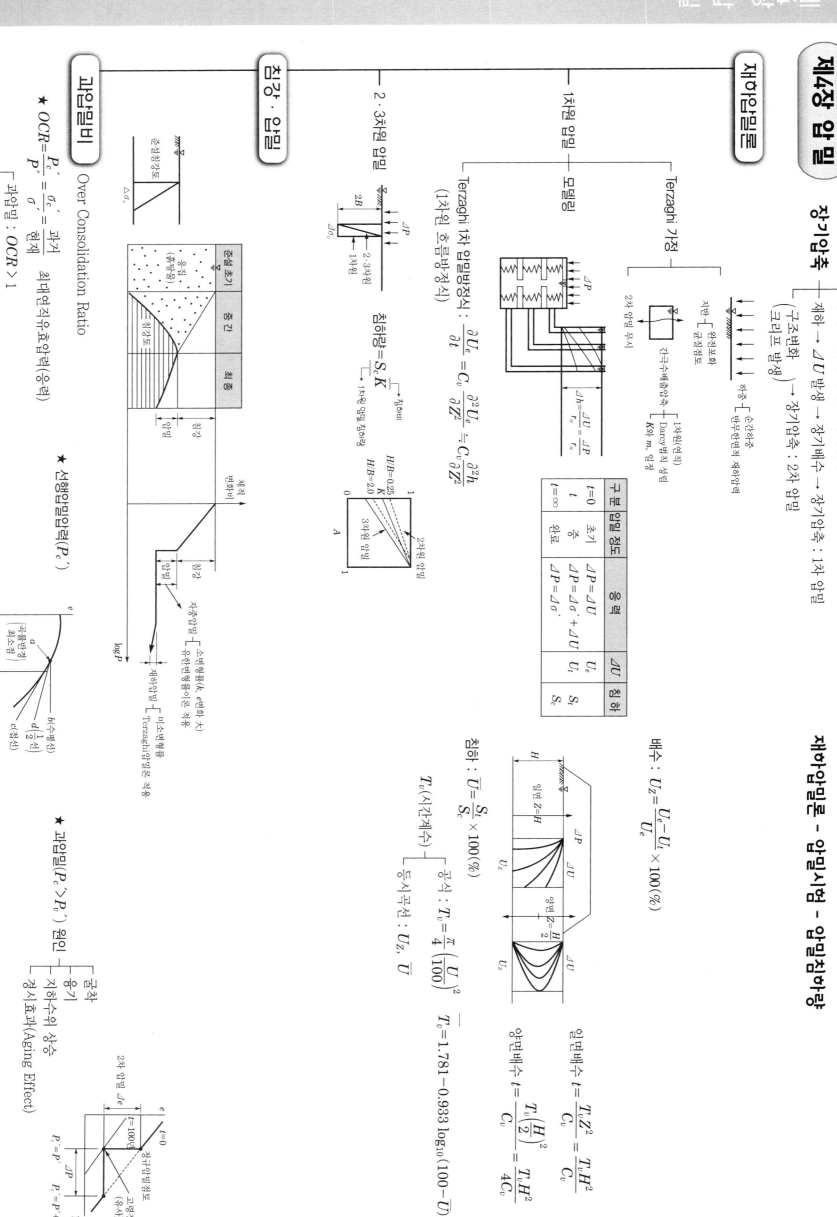

제5장 압밀

재하단계별로 - 압밀시험 - 압밀침하량

정기압축

풍화 → 입자 파쇄 → 정기압축
재하 → ΔU 발생 → 장기압축 → 장기배수 → 장기압밀
(구조변화 → 크리프 발생)

(장기압축 : 1차 압밀)
(장기압축 : 2차 압밀)

배수 : $U_Z = \dfrac{U_e - U_t}{U_e} \times 100(\%)$

구분 압밀정도	응력			ΔU	침하
$t=0$ 초기	$\Delta P = \Delta U$			U_e	S_i
t 중	$\Delta P = \Delta \sigma' + \Delta U$			U_t	S_t
$t=\infty$	$\Delta P = \Delta \sigma'$				S_c

침하 : $\overline{U} = \dfrac{S_t}{S_c} \times 100(\%)$

$T_v(시간계수)$

- 공식 : $T_v = \dfrac{\pi}{4}\left(\dfrac{U}{100}\right)^2$
- 근사식 : $T_v = 1.781 - 0.933 \log_{10}(100-\overline{U})$

양면배수 $t = \dfrac{T_v\left(\dfrac{H}{2}\right)^2}{C_v} = \dfrac{T_v H^2}{4C_v}$

일면배수 $t = \dfrac{T_v Z^2}{C_v} = \dfrac{T_v H^2}{C_v}$

Terzaghi 1차 압밀방정식 :
$$\dfrac{\partial U_e}{\partial t} = C_v \dfrac{\partial^2 U_e}{\partial Z^2} = C_v \dfrac{\partial^2 h}{\partial Z^2}$$

(1차원 흐름방정식)

$\Delta h = \dfrac{\Delta U}{r_w} = \dfrac{\Delta P}{r_w}$

침하량 = $S_c \cdot K$

— 1차원 연직 침하량
— 침하비

과압밀비

★ $OCR = \dfrac{P_c'}{P'} = \dfrac{\sigma_c'}{\sigma'} = \dfrac{과압밀}{현재}$

★ 압밀상태
- 과압밀 : $OCR > 1$
- 정규압 : $OCR = 1$
- 과소압밀 : $OCR < 1$

Over Consolidation Ratio

★ 선행압밀압력(P_c')

★ 과압밀($P_c' > P_0'$) 원인
- 물리 - 굴착, 융기 → 지하수위 상승
- 정지효과(Aging Effect)

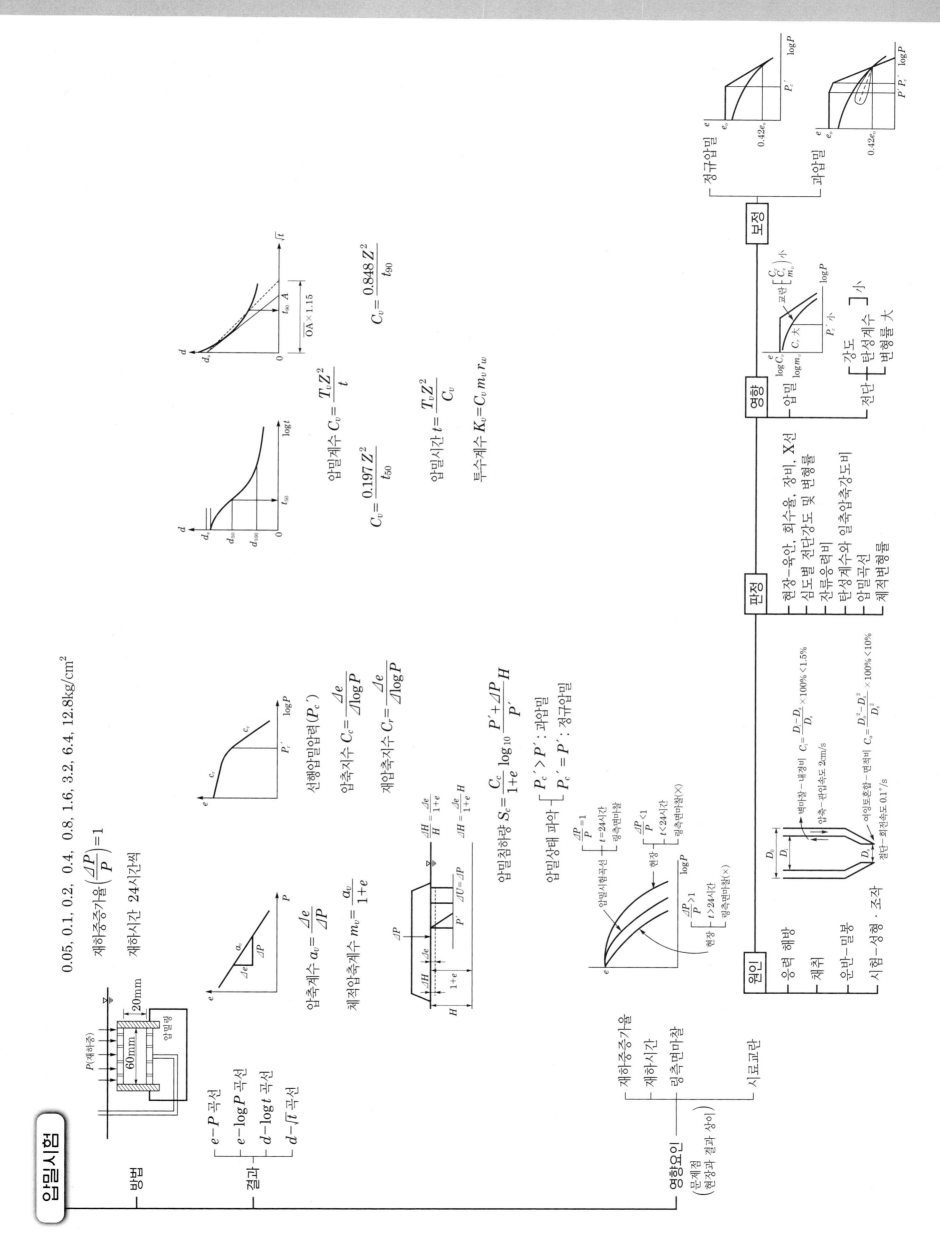

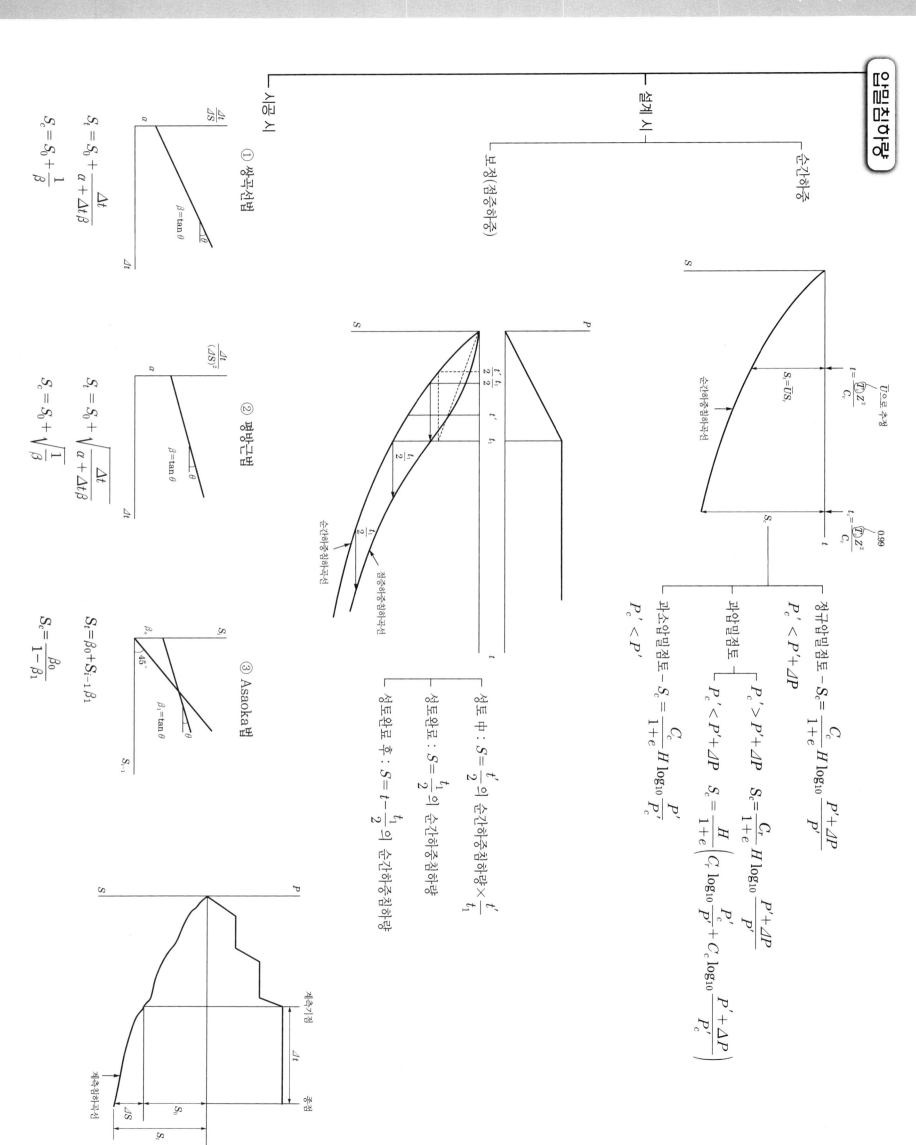

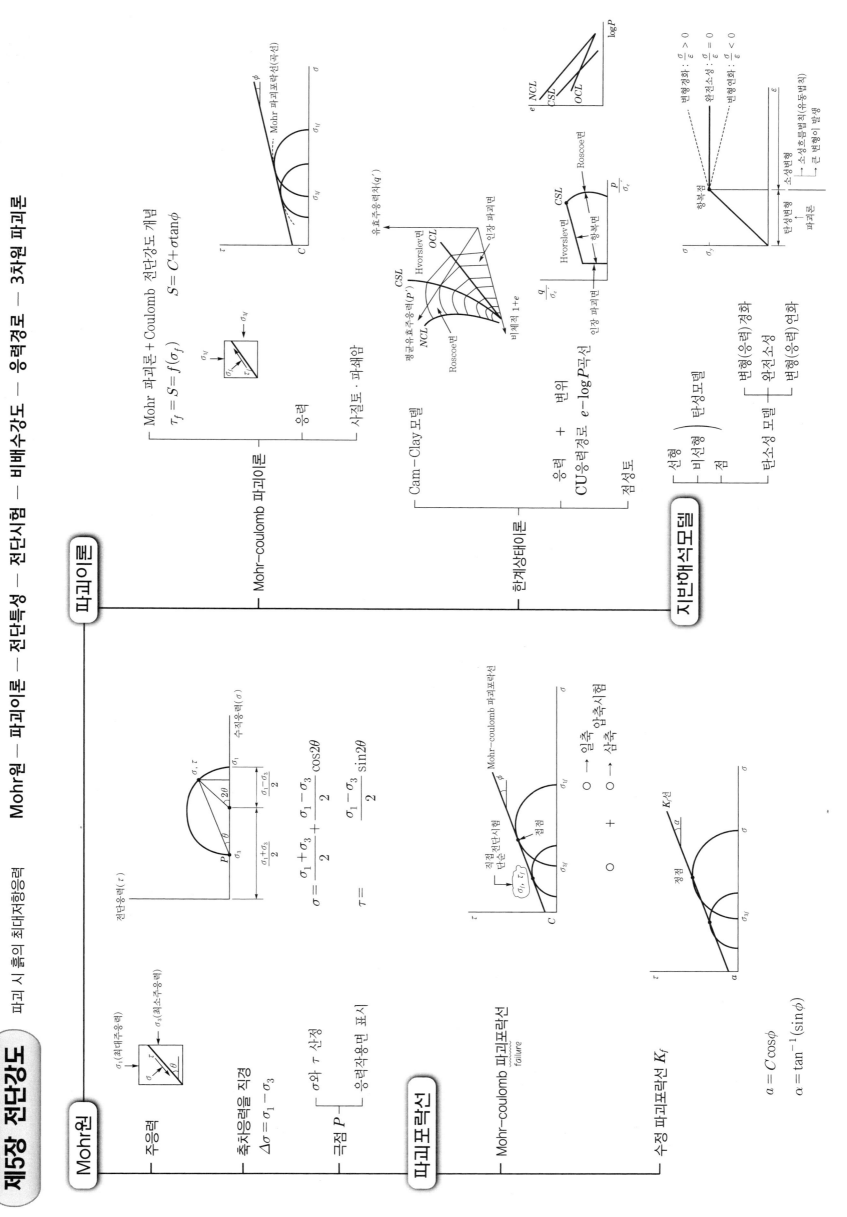

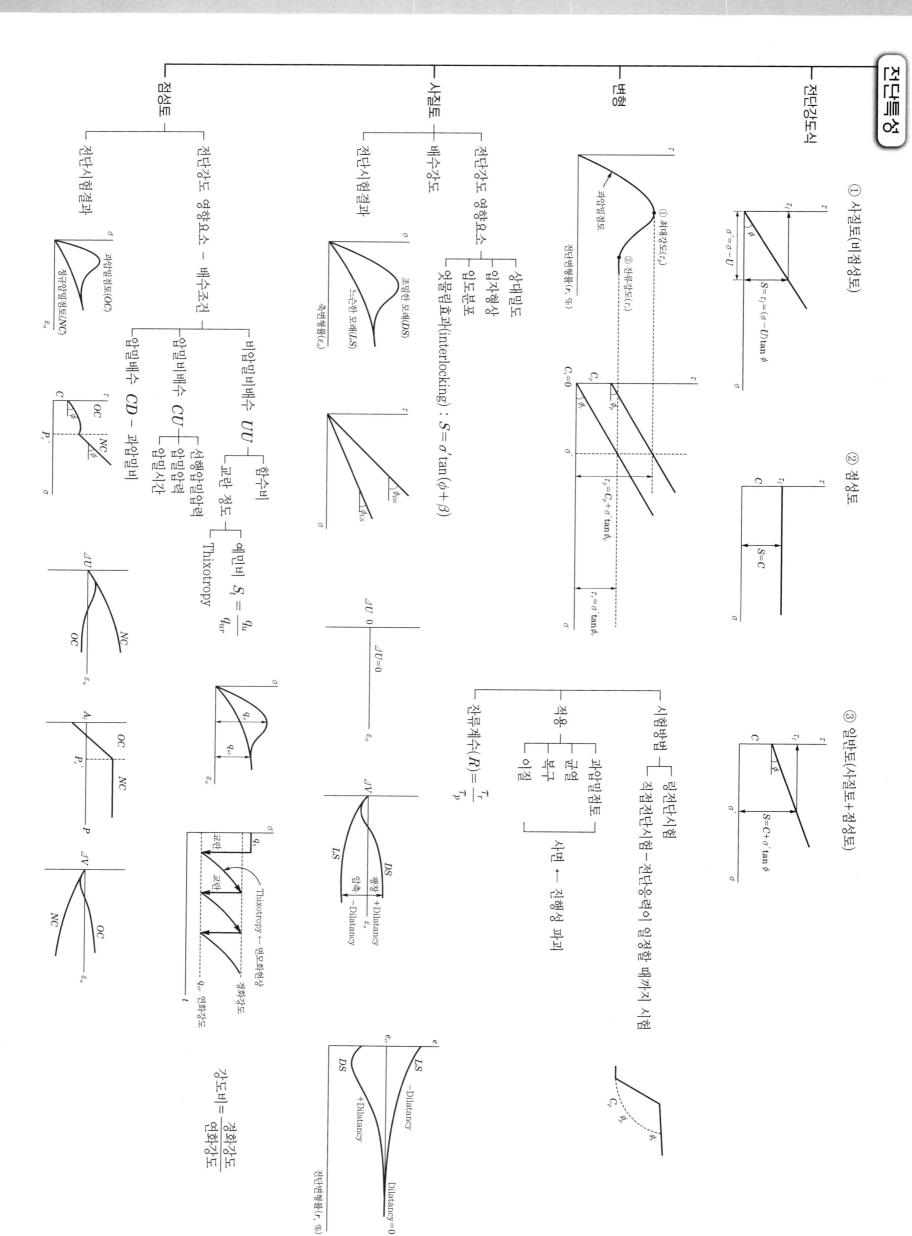

전단특성

전단강도식

변형

사질토

점성토

① 사질토(비점성토)

② 점성토

③ 일반토(사질토+점성토)

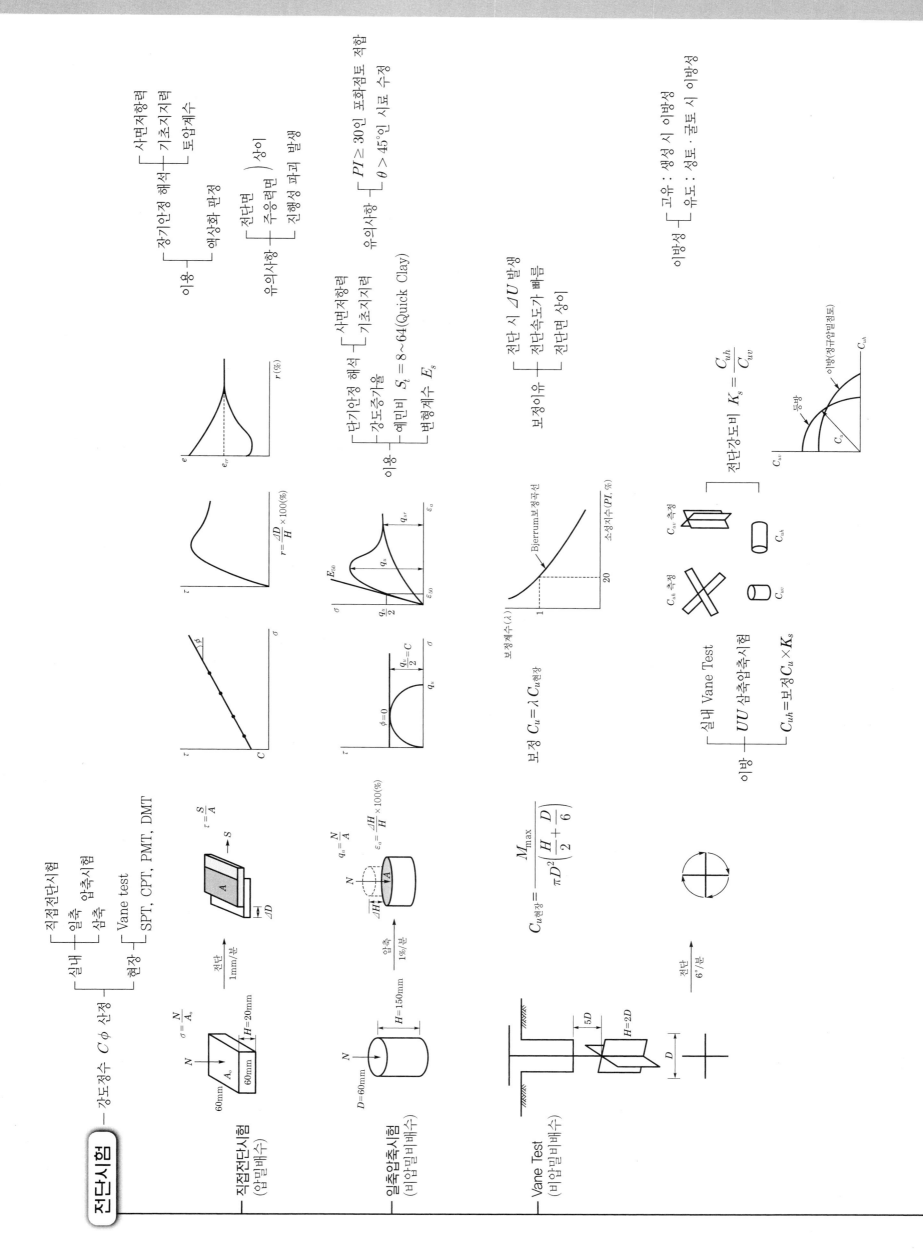

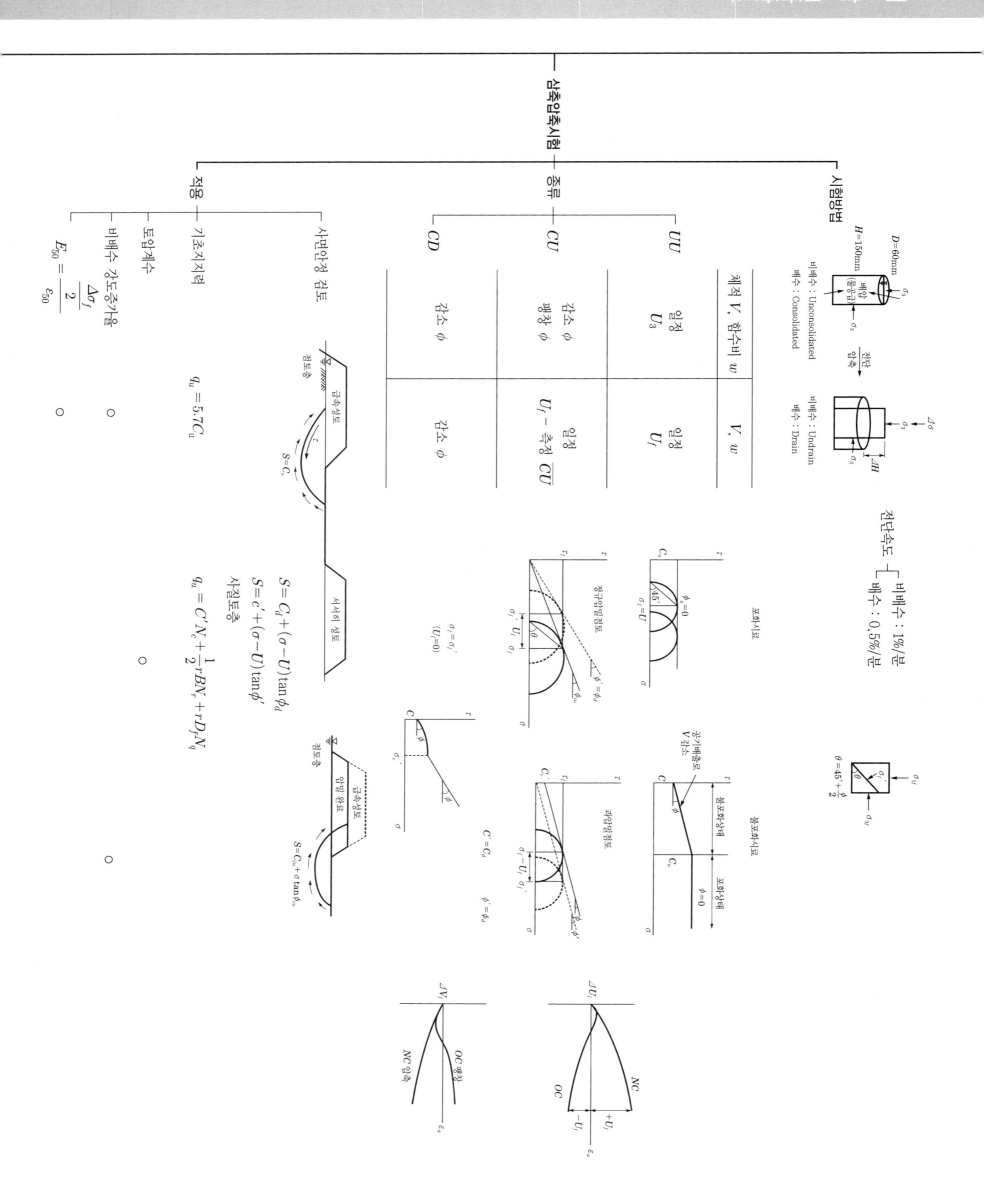

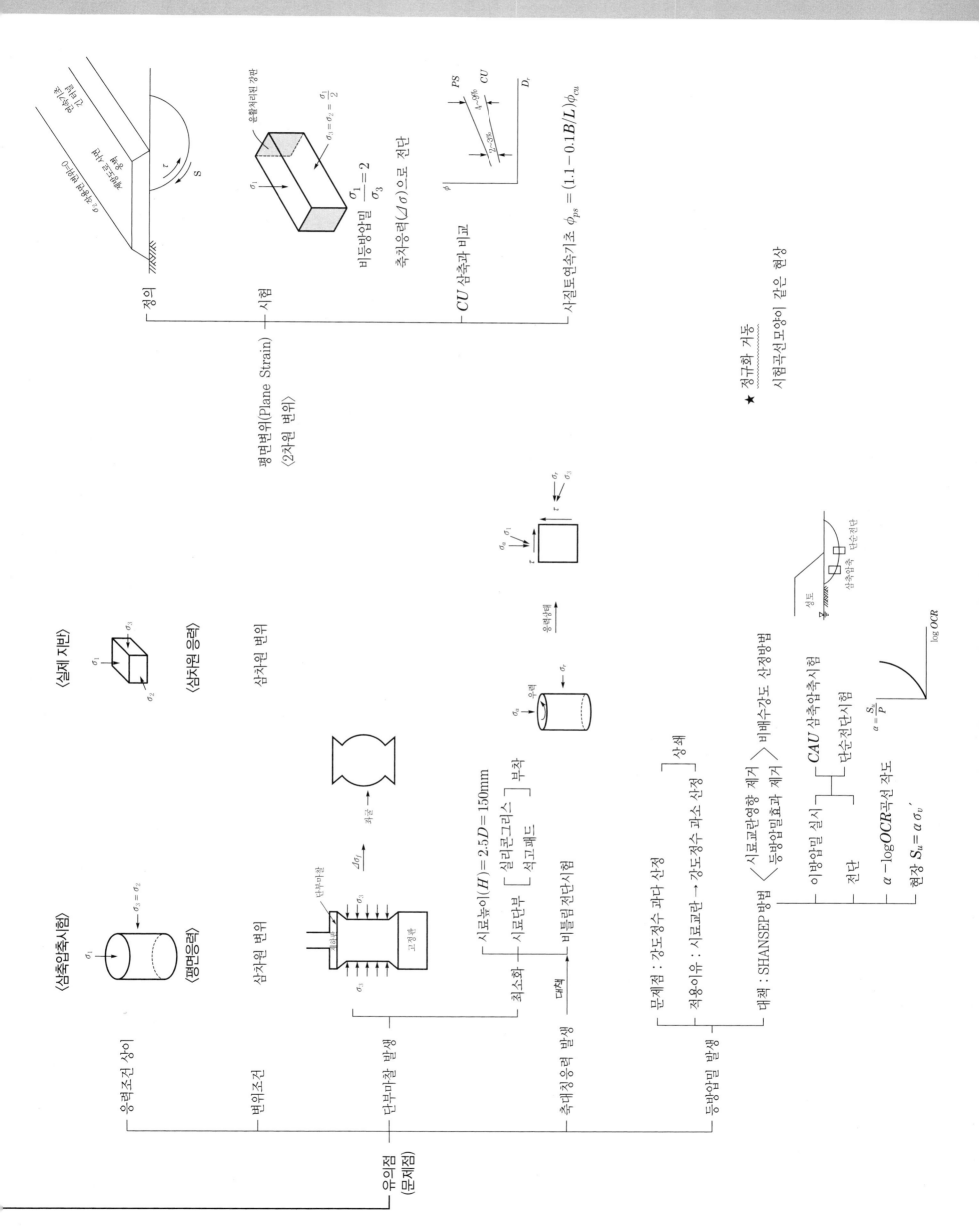

비배수강도

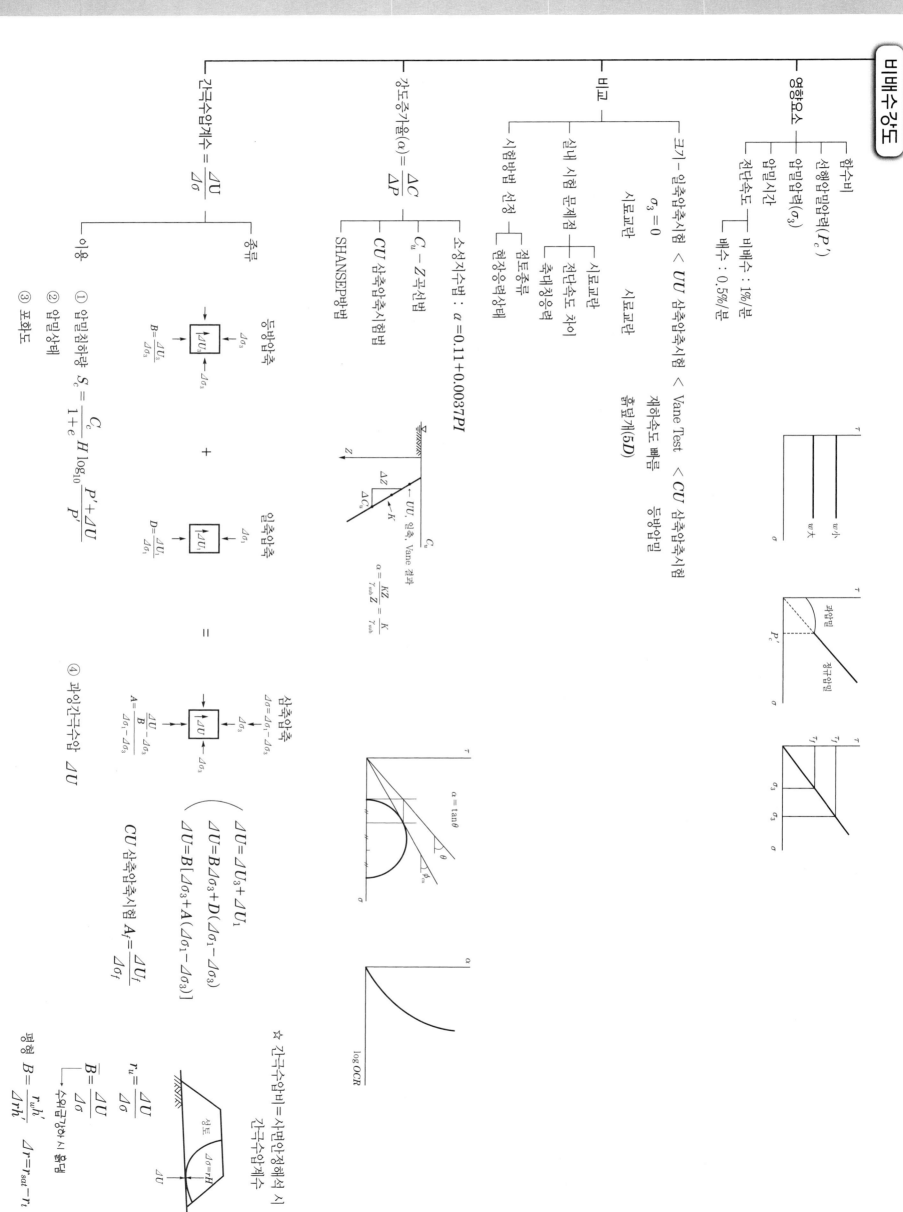

영향요소
- 함수비 — 신행압밀압력(P_c')
- 압밀압력(σ_3)
- 압밀시간 — 비배수 : 1%/분 / 배수 : 0.5%/분
- 전단속도

비교
- 크기 - 일축압축시험 $<$ UU 삼축압축시험 $<$ Vane Test $<$ CU 삼축압축시험
  - $\sigma_3 = 0$ / 제하속도 배를
- 시험방법 선정
  - 실내 시험 문제점 — 시료교란 / 전단속도 차이 / 축대칭응력
  - 시험법 선정 — 점토종류 / 현장응력상태

강도증가율(α) $= \dfrac{\Delta C}{\Delta P}$
- $C_u - Z$ 곡선법
- CU 삼축압축시험법
- SHANSEP방법

소성지수법 : $\alpha = 0.11 + 0.0037PI$

$\alpha = \tan\theta$

$\alpha = \dfrac{KZ}{\gamma_{sub} Z} = \dfrac{K}{\gamma_{sub}}$

간극수압계수 $= \dfrac{\Delta U}{\Delta \sigma}$

종류
- $B = \dfrac{\Delta U_3}{\Delta \sigma_3}$ (등방압축, 드방아추)
- $D = \dfrac{\Delta U_1}{\Delta \sigma_1}$ (일축압축)
- $A = \dfrac{\Delta U / B}{\Delta \sigma_1 - \Delta \sigma_3}$ (삼축압축)

$\Delta U = \Delta U_3 + \Delta U_1$

$\Delta U = B \cdot \Delta \sigma_3 + D(\Delta \sigma_1)$

$\left(\Delta U = B[\Delta \sigma_3 + A(\Delta \sigma_1 - \Delta \sigma_3)] \right)$

CU 삼축압축시험 $A_f = \dfrac{\Delta U_f}{\Delta \sigma_f}$

이용
① 압밀침하량 $S_c = \dfrac{C_c}{1+e} H \log_{10} \dfrac{P' + \Delta U}{P'}$
② 압밀상태
③ 포화도
④ 과잉간극수압 ΔU

☆ 간극수압비 = 시면인정해석 시 / 간극수압계수

$r_u = \dfrac{\Delta U}{\Delta \sigma}$

$\overline{B} = \dfrac{\Delta U}{\Delta \sigma}$

$\overline{B} = \dfrac{r_w h'}{\Delta rh'}$, $\Delta r = r_{sat} - r_t$

$\Delta \sigma = rH$

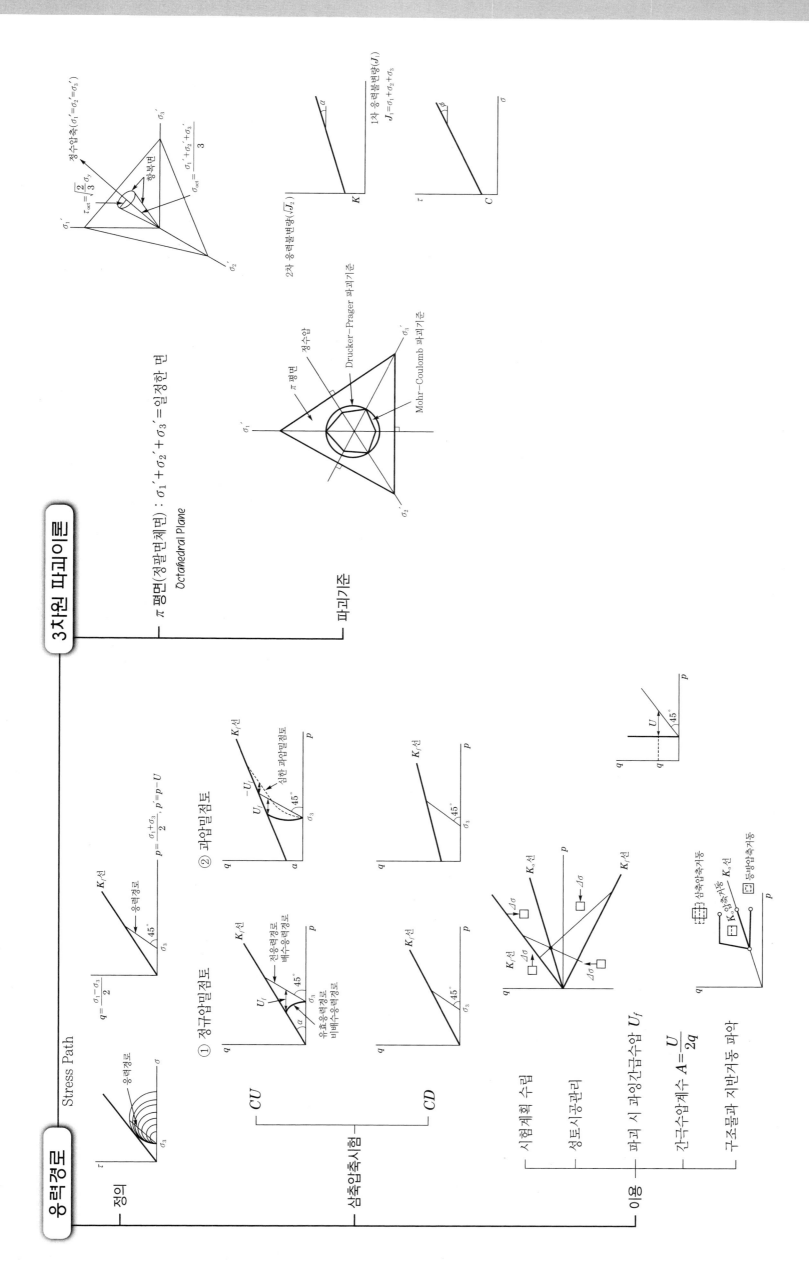

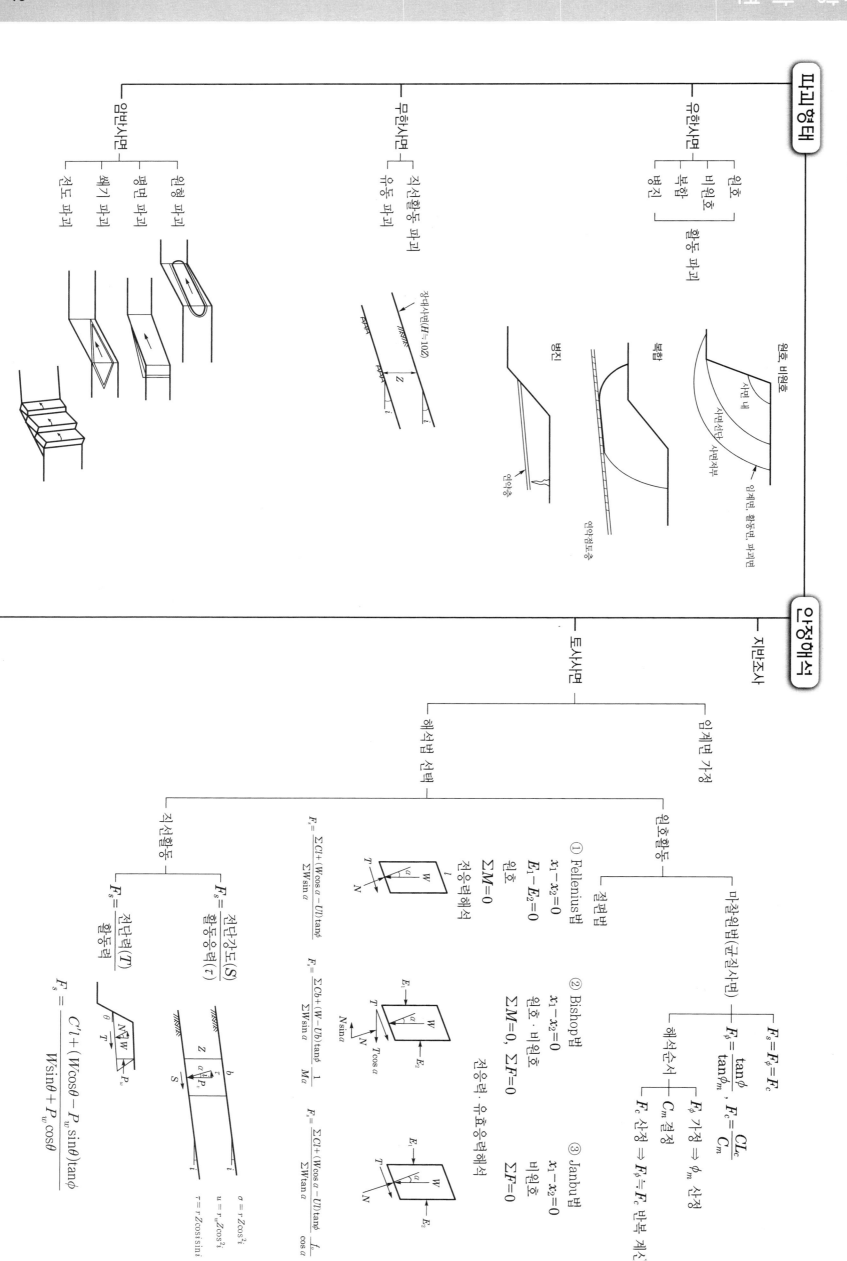

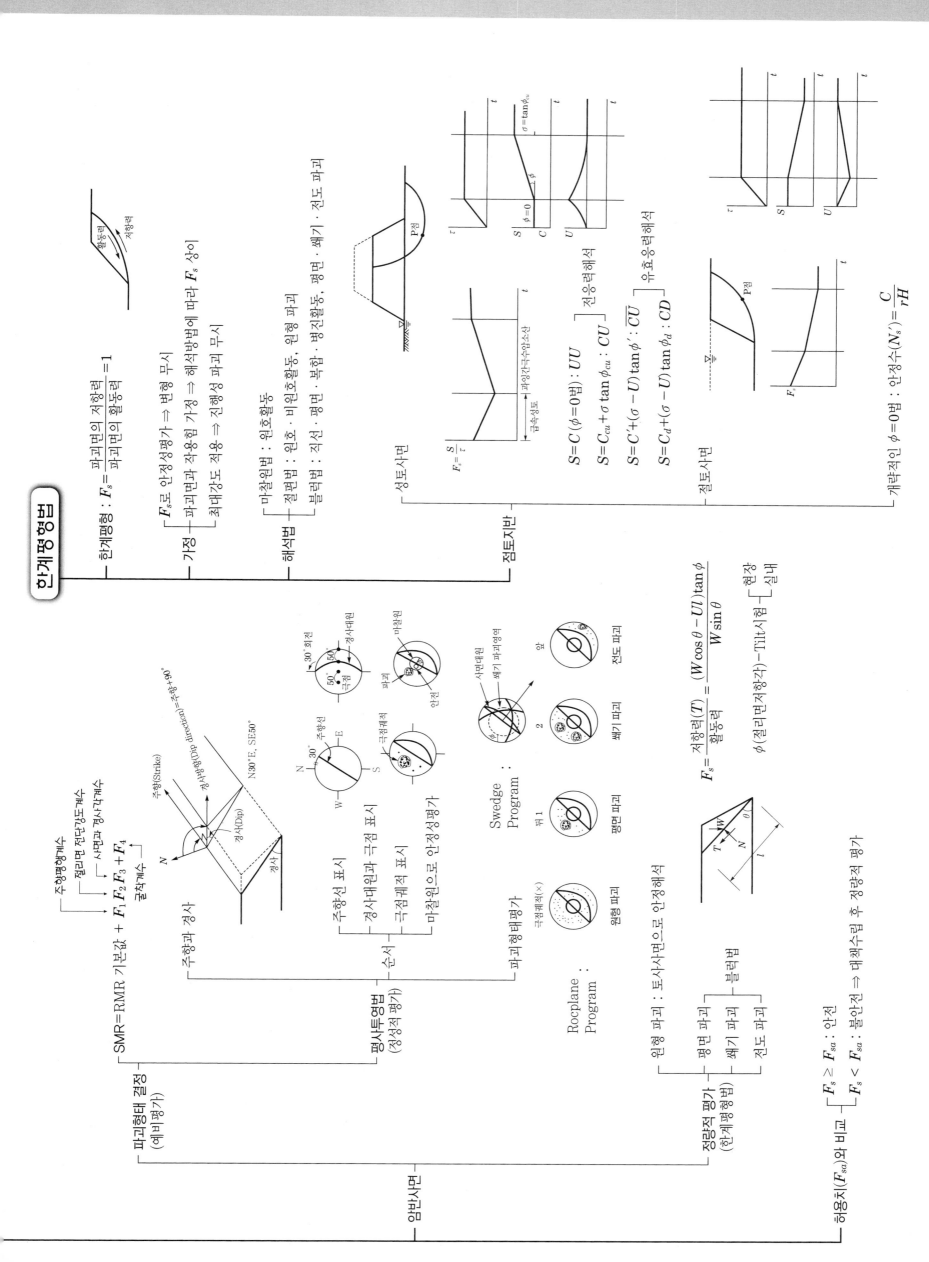

안계평형법

암반사면

파괴형태 결정 (예비 평가)

SMR=RMR 기본값 + $F_1 \cdot F_2 F_3 + F_4$
- 주향평행계수
- 절리면 전단강도계수
- 사면과 경사다각계수
- 굴착계수

주향과 경사
- 주향(Strike)
- 경사방향(Dip direction)=주향+90°
- 경사(Dip)
- 경사방향
- N30°E, SE50°

평사투영법 (정성적 평가)
- 순서
  - 주향선 표시
  - 경사대원과 극점 표시
  - 극점궤적 표시
  - 마찰원으로 안정성평가

파괴형태 평가

Rocplane Program

Swedge Program

- 원형 파괴
- 평면 파괴
- 쐐기 파괴
- 전도 파괴

원형 파괴 : 토사사면으로 안정해석
- 평면 파괴
- 쐐기 파괴
- 전도 파괴
- 블럭법

정량적 평가 (한계평형법)

$$F_s = \frac{\text{지항력}(T)}{\text{활동력}} = \frac{(W\cos\theta - Ul)\tan\phi}{W\sin\theta}$$

ϕ (절리면저항각)=(절리면경사각)−Tilt시험 ┌ 현장
                                              └ 실내

허용치(F_{sa})와 비교
- $F_s \geq F_{sa}$: 안전
- $F_s < F_{sa}$: 불안전 ⇒ 대책수립 후 정량적 평가

안계평형법

한계평형 : $F_s = \dfrac{\text{파괴면의 저항력}}{\text{파괴면의 활동력}} = 1$

가정
- F_s로 안정성평가 ⇒ 변형 무시
- 파괴면과 작용힘 가정 ⇒ 해석방법에 따라 F_s 상이
- 최대강도 적용 ⇒ 진행성 파괴 무시

해석법
- 마찰원법 : 원호활동
- 절편법 : 원호 · 비원호활동, 임의 파괴
- 블럭법 : 직선 · 평면 · 복합 · 병진활동, 평면 · 쐐기 · 전도 파괴

점토지반

성토사면

$$F_s = \frac{S}{\tau}$$

$S = C \ (\phi=0법) : UU$ ┐
$S = C_{cu} + \sigma\tan\phi_{cu} : CU$ ┘ 전응력해석

$S = C' + (\sigma - U)\tan\phi' : \overline{CU}$ ┐
$S = C_d + (\sigma - U)\tan\phi_d : CD$ ┘ 유효응력해석

점토사면

개략적인 $\phi=0$법 : 안정수(N_s')$= \dfrac{C}{rH}$

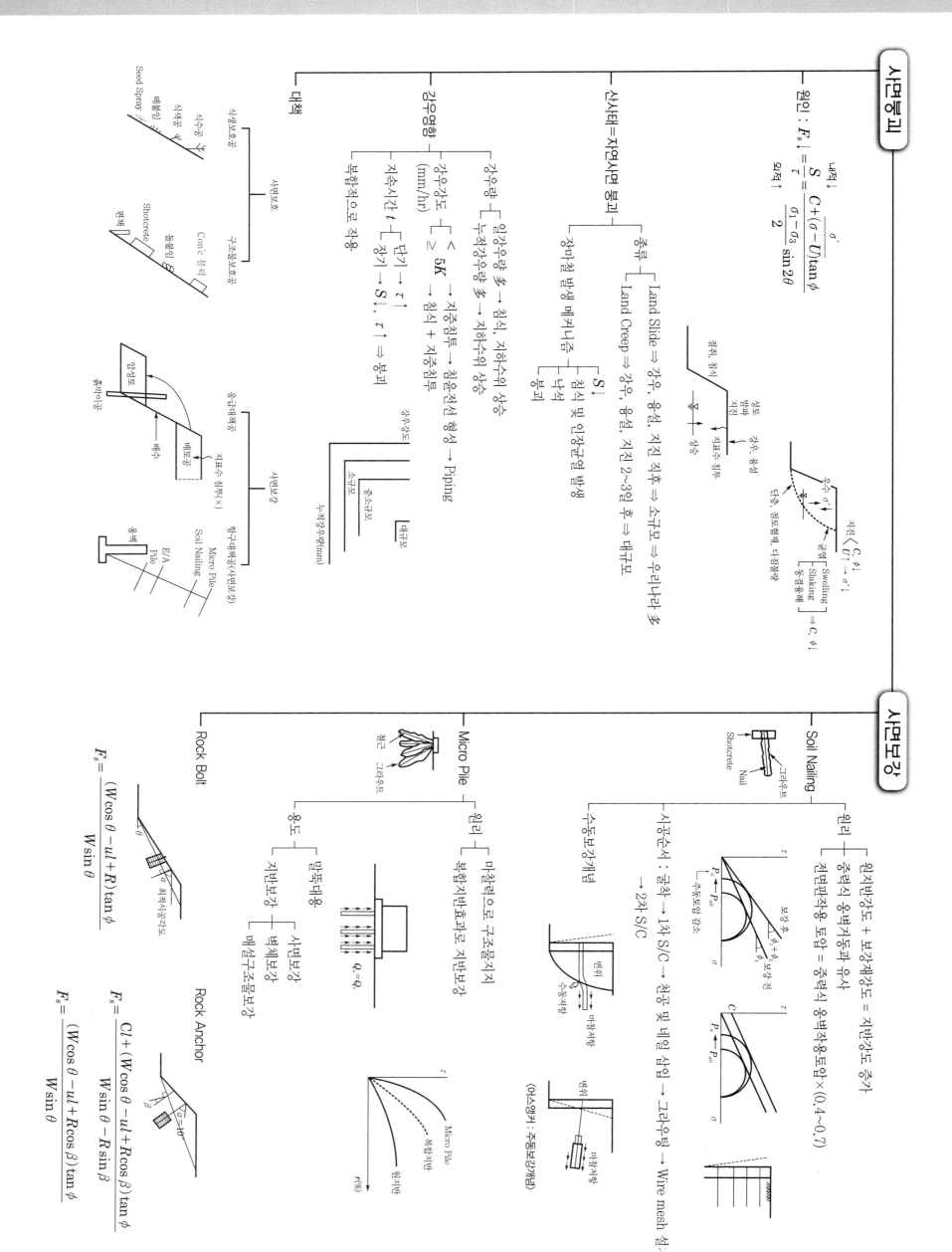

제7장 토 압

토압의 종류 — 옹벽토압 — 옹벽토압론 — 옹벽토압분포 — 옹벽안정 검토 — 옹벽이론

토압의 종류

연직토압 : $P_v = \sigma_v = rH$

수평토압 P_h ─┬─ 주동토압 ── 옹벽
　　　　　　　├─ 정지토압 ── 지하구조물
　　　　　　　└─ 수동토압

$P_A = \frac{1}{2}P_v H = \frac{1}{2}rH^2 K_a$　　토압　$P_o = rHK_a$

$P_o = \frac{1}{2}rH^2 K_o$

$P_p = \frac{1}{2}rH^2 K_p$

$$K_a = \frac{1-\sin\phi}{1+\sin\phi} = \tan^2\left(45°-\frac{\phi}{2}\right)$$

$$K_o = 1-\sin\phi$$

$$K_p = \frac{1+\sin\phi}{1-\sin\phi} = \tan^2\left(45°+\frac{\phi}{2}\right)$$

☆ Poisson's Ratio　$v = \dfrac{\varepsilon_h}{\varepsilon_v} = \dfrac{\frac{\Delta D}{D}}{\frac{\Delta H}{H}}$

암반 $v \le 0.2$
모래 $0.2 \sim 0.3$
점토 $0.35 \sim 0.5$ ─ 포화상태
팽창성 점토 ≥ 0.5

$K_o = \dfrac{v}{1-v}$　측정 ─┬─ 삼축압축시험 ─ CD / UU
　　　　　　　　　　　├─ PMT
　　　　　　　　　　　└─ 암벽주변법

느슨 : $\phi\downarrow$ ─ $\begin{cases} K_a\uparrow \to P_A\uparrow \\ K_p\uparrow \to P_p\downarrow \end{cases}$ ⇒ 불안
조밀 : $\phi\uparrow$

벽체변위와 토압분포

Rankine ─ 토압 적용
Coulomb

☆ 옹벽 뒤채움
☆ 뒤채움공간 ─┬─ 넓은 ⇒ P_o 大
　　　　　　　└─ 좁은 ⇒ P_o 小

☆ 연성벽체단면 결정 ⇒ 경험토압(직사각형) 적용
굴착단계별 해석
벽체근입깊이 결정 ─ Rankine – Resal토압(삼각형) 적용

강성벽체 ─┬─ 옹벽
　　　　　└─ 지하벽체

연성벽체 ─┬─ 버팀대
　　　　　└─ 앵커지지

옹벽토압

구분	Rankine토압 - 주동토압 파다	Coulomb토압 - 수동토압 파다
공통(가정)	토체 균질 비압축성 벽마찰무시	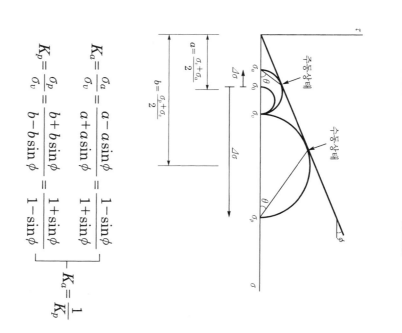 등분포하중 토압의분포직선 작선 토압작용점 = $\frac{H}{3}$ 수동 파괴면 $\theta=45°+\frac{\phi}{2}$ 주동 파괴면 $\theta=45°-\frac{\phi}{2}$
해석법	• 소성론 → 횡방향 $\begin{bmatrix}평정\\인출\end{bmatrix}$ 소성 파괴 • Mohr-coulomb 파괴규준	• 흙색기론 - 강체 • 힘의 다각형을 이용한 도해법
벽마찰각 δ	$\delta(\times)$ 지표면과 평행	δ 고려 δ 경사
작용방향		δ 작용
벽체설계	중력식, 역L형 적용 $\begin{bmatrix}가상 파괴면 조건\\ \delta(\times)\end{bmatrix}$	적용
안정 검토	역T형, L형 옹벽 적용	중력식, 역L형 적용 $\begin{bmatrix}\delta 작용\\중력토압이 실제와 부합\end{bmatrix}$

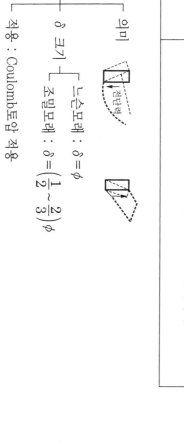

$$\delta \begin{cases} 의미 \\ \delta \ 크기 \begin{bmatrix} 느슨모래 : \delta = \phi \\ 조밀모래 : \delta = \left(\frac{1}{2} \sim \frac{2}{3}\right)\phi \end{bmatrix} \\ 적용 : Coulomb토압 적용 \end{cases}$$

$$K_a = \frac{\sigma_a}{\sigma_v} = \frac{a-a\sin\phi}{a+a\sin\phi} = \frac{1-\sin\phi}{1+\sin\phi}$$

$$K_p = \frac{\sigma_p}{\sigma_v} = \frac{b+b\sin\phi}{b-b\sin\phi} = \frac{1+\sin\phi}{1-\sin\phi}$$

$$K_a = \frac{1}{K_p}$$

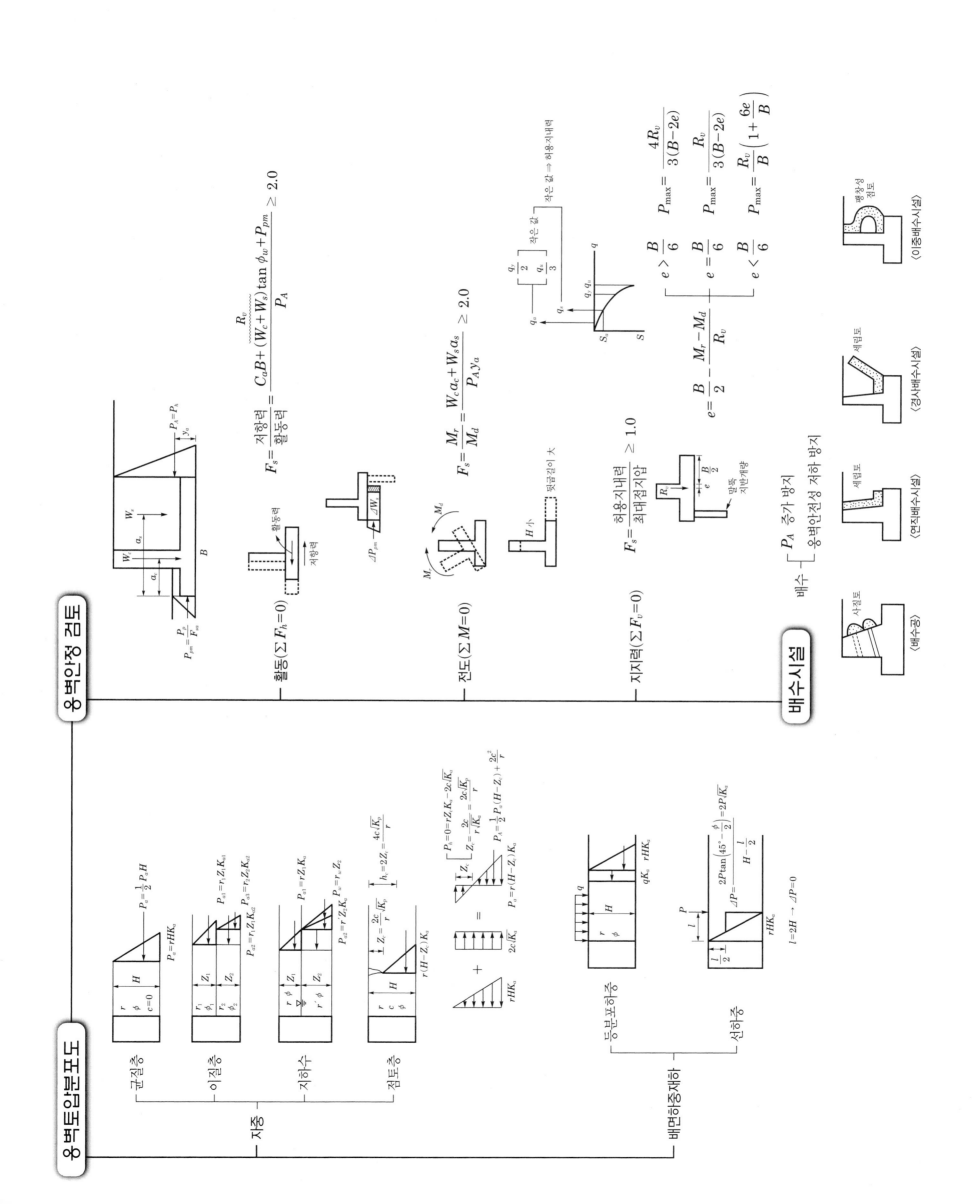

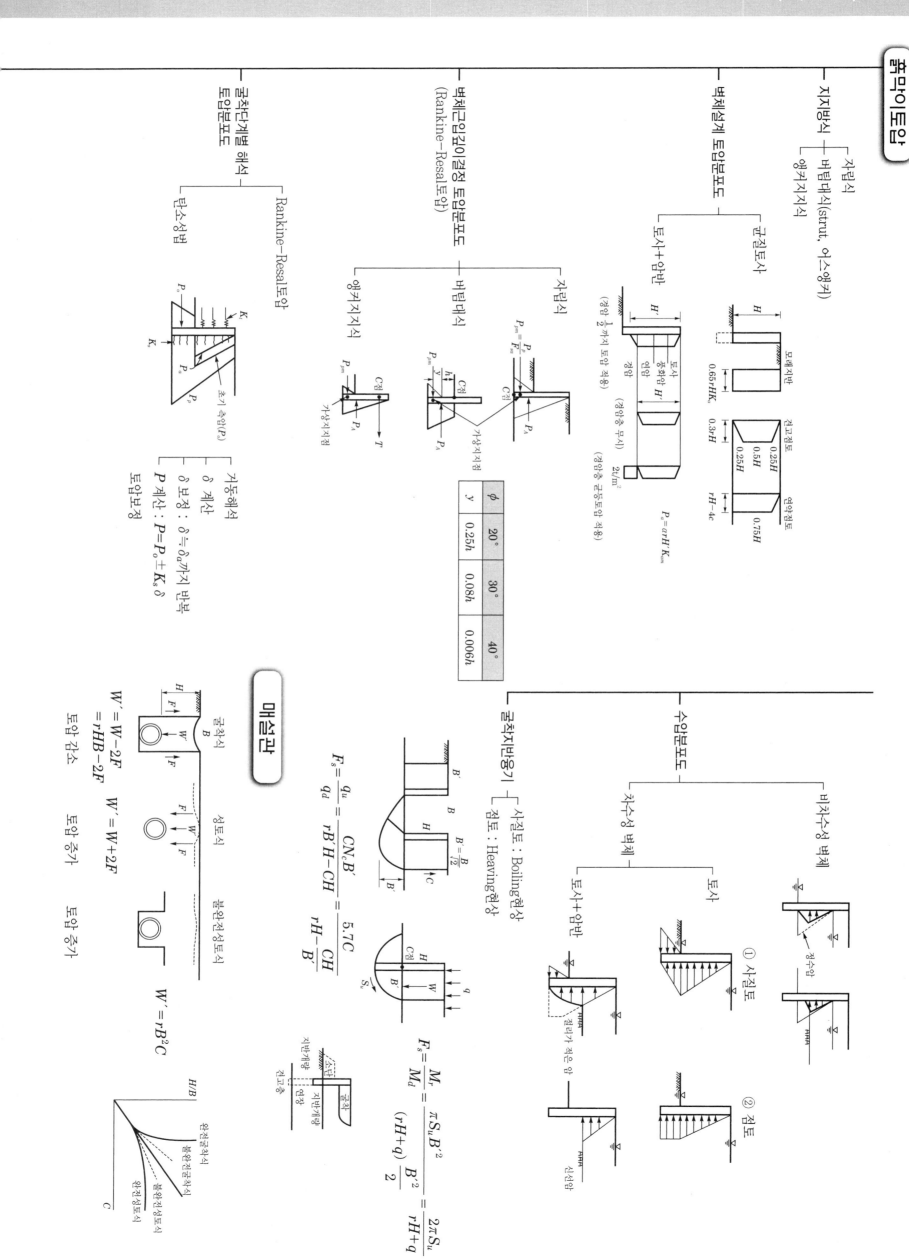

제8장 흙막이공

지반굴착 시 문제점·대책 — Earth Anchor — 보강토

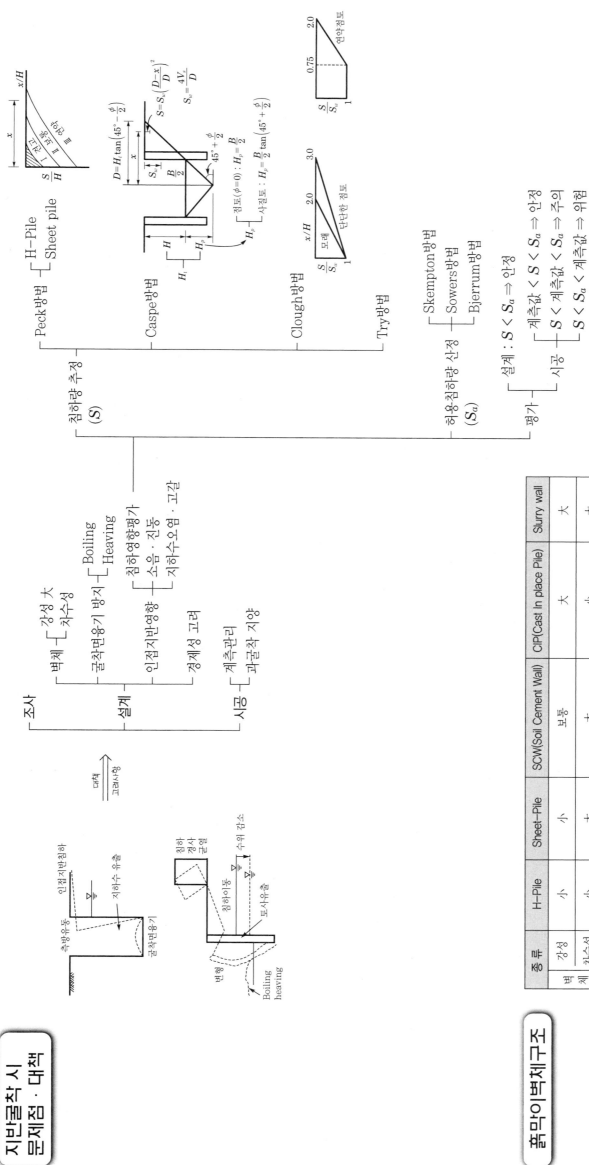

지반굴착 시 문제점·대책

- 조사
  - 벽체 ┌ 강성 大
  -      └ 차수성
  - 굴착변형기 방지 ┌ Boiling
  -                └ Heaving
- 설계
  - 침하영향평가 ┌ 소음·진동
  -             └ 지하수오염·고갈
  - 인접지반영향
  - 경제성 고려
- 시공
  - 계측관리
  - 과굴착 지양

흙막이벽체구조

종류	H-Pile	Sheet-Pile	SCW(Soil Cement Wall)	CIP(Cast In place Pile)	Slurry wall
벽체 강성	小	小	보통	大	大
벽체 차수성	小	大	大	小	大
인접지반 영향	침하 大 소음·진동 Piping 발생	소음·진동 Heaving 발생	지반교란 大 지하수오염	Piping 우려	지하수오염
시공깊이	50m	15~20m	20~30m	15~20m	40m
시공곤란 지반	연약점토 암반층	사질 암반층	자갈 암반층	자갈 암반층	호박돌층

침하량 추정 (S)

- Peck방법 ┌ H-Pile
-          └ Sheet pile
- Caspe방법
  - $D = H_i \tan\left(45° - \dfrac{\phi}{2}\right)$
  - 점토($\phi=0$): $H_p = \dfrac{B}{2}$
  - 사질토: $H_p = \dfrac{B}{2}\tan\left(45° + \dfrac{\phi}{2}\right)$
  - $S = S_w\left(\dfrac{D-x}{D}\right)$
  - $S_w = \dfrac{4V}{D}$
- Clough방법
- Try방법

허용침하량 산정 (S_a)
- Skempton방법
- Sowers방법
- Bjerrum방법

평가
- 설계 : $S < S_a \Rightarrow$ 안정
- 시공 ┌ 계측값 $< S < S_a \Rightarrow$ 안정
-      ├ $S <$ 계측값 $< S_a \Rightarrow$ 주의
-      └ $S < S_a <$ 계측값 $\Rightarrow$ 위험

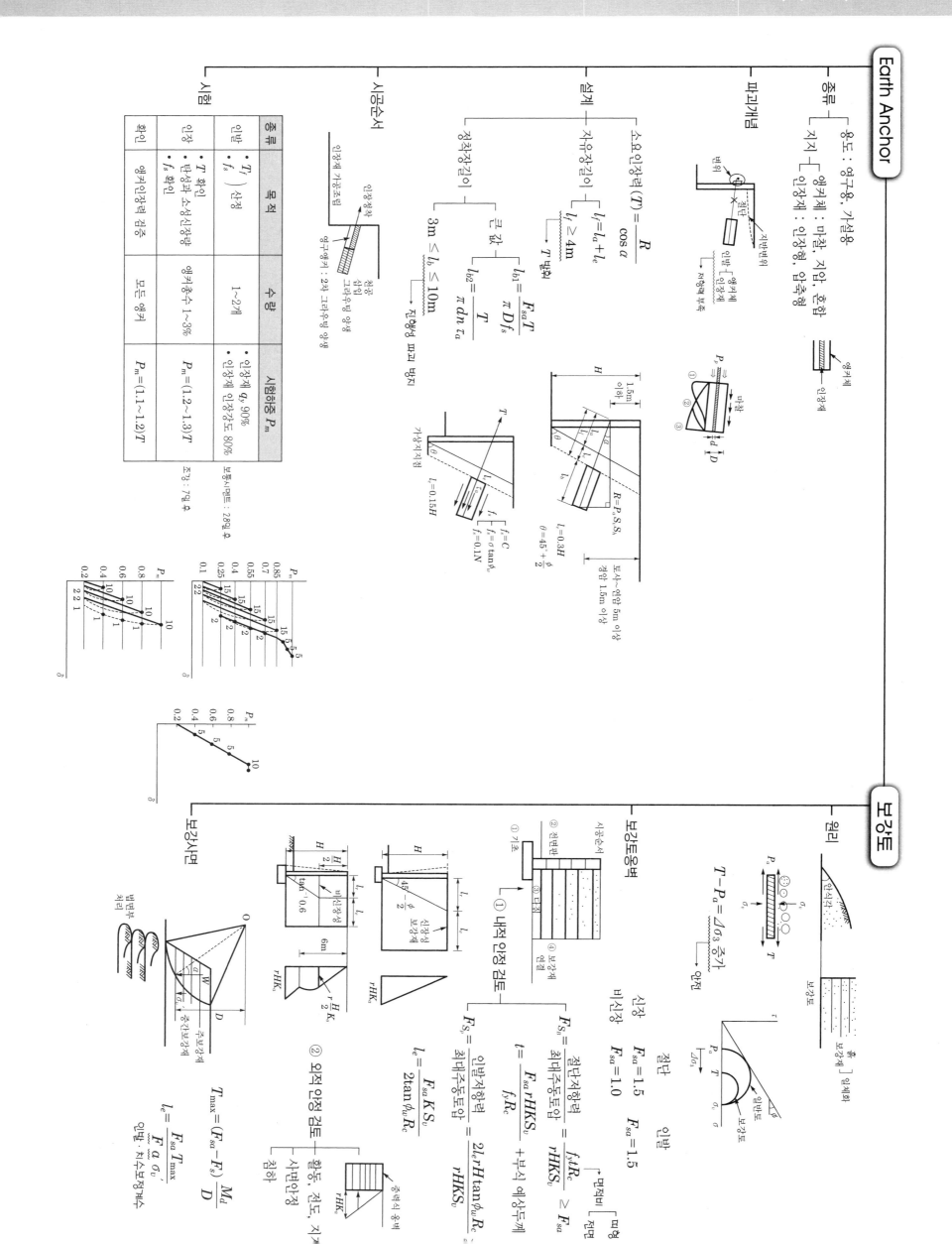

제9장 얕은 기초

기초설계

순서 : 설계조건 결정 ⇒ 지반조사결과 검토 ⇒ 고려사항 ⇒ 설계도서 작성

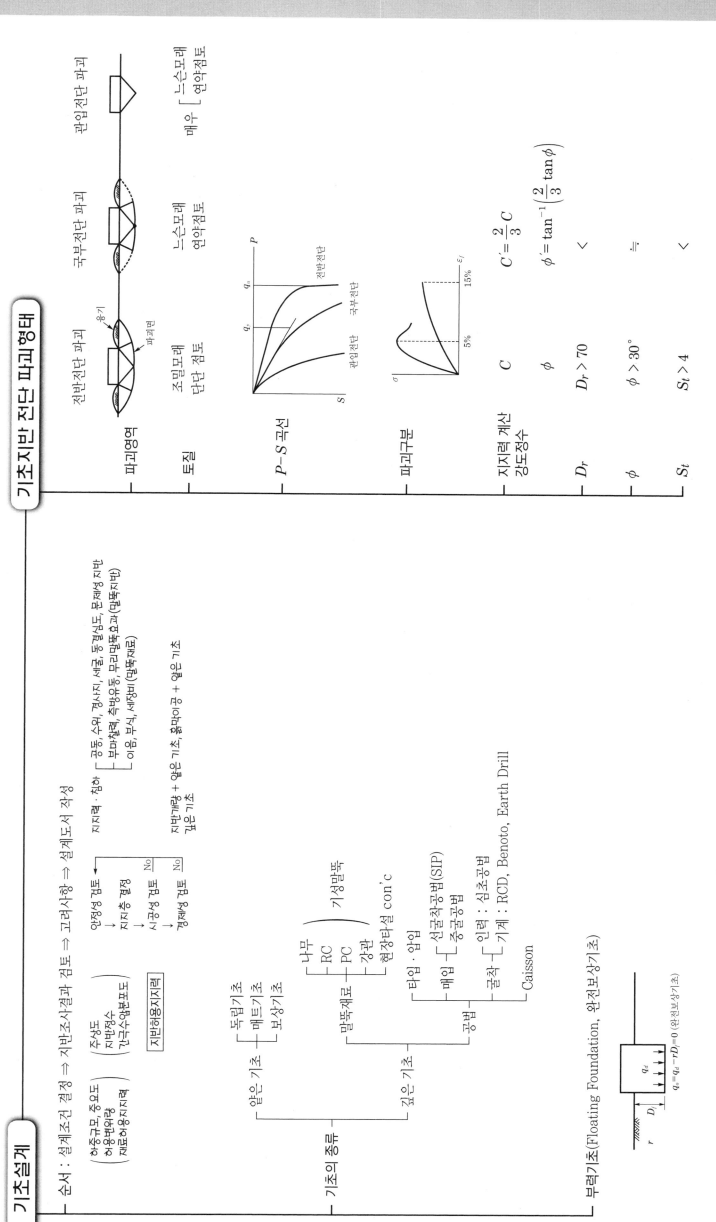

기초설계 - 기초지반 전단 파괴형태 - 지지력 검토 - 침하량 검토 - 평판재하시험 - 변형계수

기초지반 전단 파괴형태

기초지반 전단 파괴형태

부력기초(Floating Foundation, 완전보상기초)

$q_u = q_t - rD_i = 0$ (완전보상기초)

지지력 검토

안전 : 허용지지력(q_a) ≥ 최대접지압(P_{max}) = 상부구조물 단위무게(q_d)
　　　　($q_a = q_d$: 경제적인 설계)

실제지지력 ─ 편심하중
　　　　　　　 균등하중

q_a ─ $q_a = \dfrac{q_u}{3}$
　　　　 $q_a = \dfrac{q_y}{2}$ ─ 작은 값

지지력 산정 ─ 강도정수 C, ϕ ─ Terzaghi공식
　　　　　　　　　　　　　　　 Meyerhof공식

　　　　　 SPT N치 ─ $B \leq 1.2m$
　　　　　　　　　　　 $B > 1.2m : q_a = \dfrac{N}{0.8}\left(\dfrac{B+0.3}{B}\right)^2 K_d$
　　　　　　　　　　　 $q_a = \dfrac{N}{0.5} K_d$ ← 깊이계수
　　　　　　　　　　　 $S_a < 25mm$일 때 적용

　　　　　 평판재하시험 : q_u, q_y

Terzaghi 안은 기초지지력공식

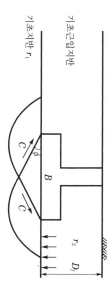
기초근입지반 r_1

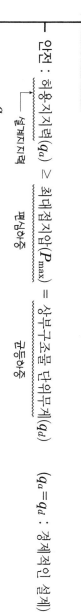
Meyerhof
$\beta = \phi \sim 45° + \dfrac{\phi}{2}$

① $q_u = \alpha C N_c + \beta r_1 B N_r + r_2 D_f N_q$

① 형상계수 :
(기초판크기)

	α	β
연속기초	1	0.5
정사각형	1.3	0.4
직사각형	$1+0.3B/L$	$0.5-0.1B/L$
원형	1.3	0.3

② 지지력계수 :

N_c	N_r	N_q	⇐ ϕ 크기에 비례
5.7	0	1	$\phi=0$

③ 국부전단 파괴 $C' = \dfrac{2}{3}C, \ \phi'=\tan^{-1}\left(\dfrac{2}{3}\tan\phi\right)$

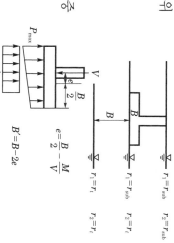
∇ : $r_1 = r_{sub}$
∇ : $r_2 = r_{sub}$ $r_2 = r_t$
∇ : $r_1 = r_t$ $r_2 = r_{sub}$
∇ : $r_1 = r_t$ $r_2 = r_t$

④ 지하수위

⑤ 편심하중

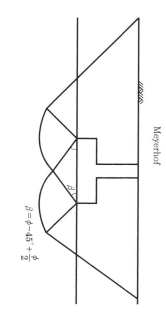
P_{max}
B'
$e = \dfrac{B}{2}$
$e = \dfrac{B}{2} - \dfrac{M}{V}$
$B' = B - 2e$

침하량 검토

안전 : 허용침하량 $S_a >$ 침하량 $S = S_i + S_c + S_s$
　　　　　　　　　　　　　　　　 탄성 즉시 1차압밀 2차압밀
　　　　　　　　　　　　　　　　 소성침하층

★ 재하폭이 침하량에 미치는 영향
★ 기초폭이 깊어질수록 압축성이 증가이므

S_a ─ Skempton방법
　　　 Sowers방법
　　　 Bjerrum방법 : 구조물 중요도 고려

허용각변위
1/150
1/250 1/300 1/450 1/750

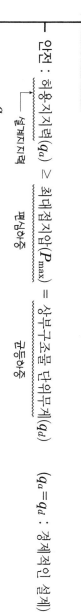
$\delta = S_a$
$\angle \beta = \dfrac{\delta}{l}$
$\angle \beta = 0.6 S_a$

S_i 산정 ─ PBT
　　　　　　 탄성이론식
　　　　　　 Schmertman

$S = S_0\left(\dfrac{2B}{B+0.3}\right)^2$, $S = S_0 \dfrac{B}{B_0}$

$S = C_1 \ C_2 \ q_0$

$B \dfrac{I_s}{E_s}(1-\nu^2)$
$B \dfrac{I_s}{B_0}$

$\displaystyle \sum_0^{2B} \dfrac{I_z}{E_s} \Delta Z$

$\left. \begin{array}{c} \end{array} \right\} B\uparrow \rightarrow S\uparrow$

① 변형영향계수 I_z

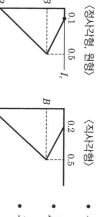
〈정사각형, 원형〉
0.1 0.5
0.5B
I_z
z
2B

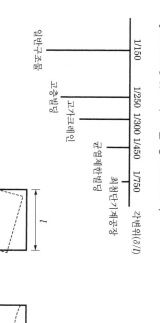
〈직사각형〉
0.2 0.5
B
4B

② 계산과정
• 심도별 $\left[\dfrac{I_z}{E_s}\right]$ 분포도 작성
• I_z와 E_s별 구분 · 심도도 작성
• 구분(ΔZ)구간별 평균치 $\left[\dfrac{I_z}{E_s}\right]$ 산정
• 계산

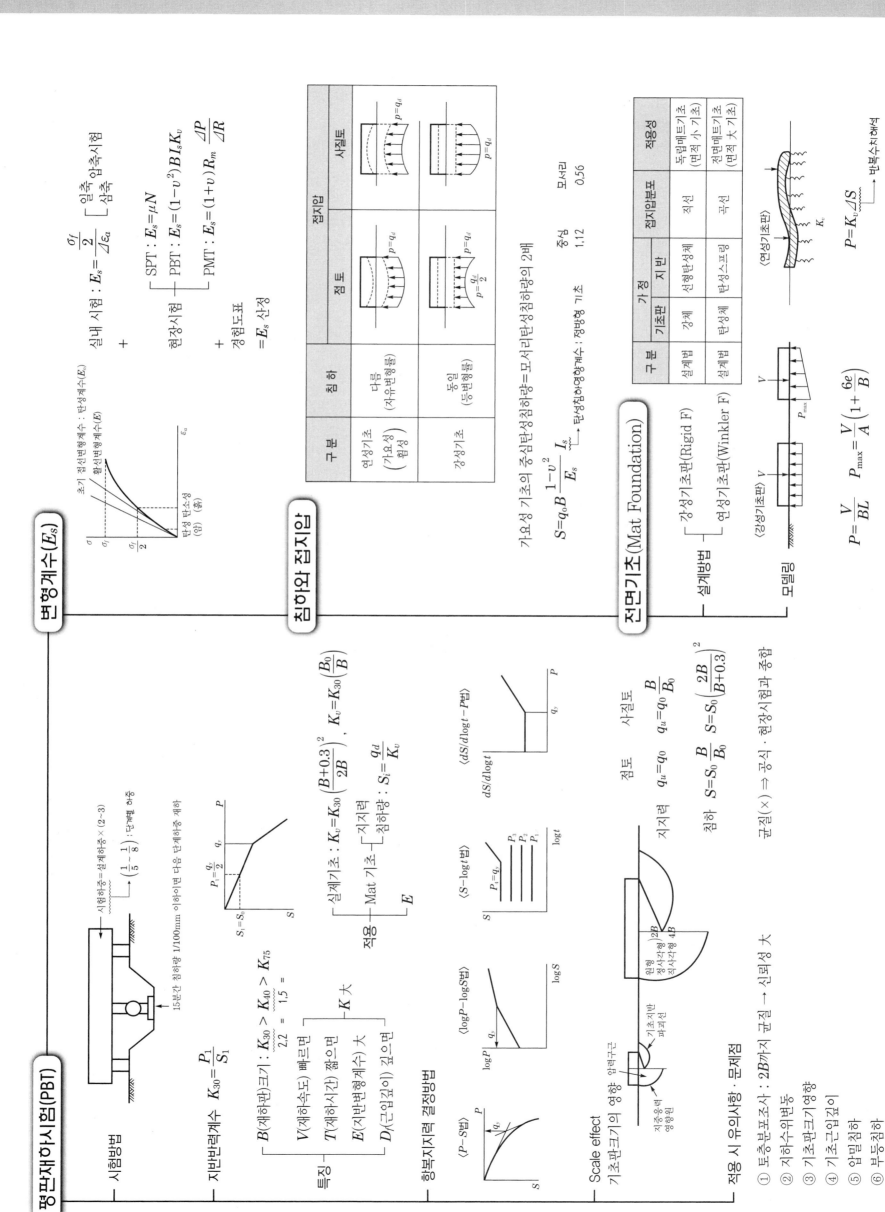

평판재하시험(PBT)

- 시험방법
- 지반반력계수 $K_{30} = \dfrac{P_1}{S_1}$
- 특징
  - B(재하판)크기 : $K_{30} > K_{40} > K_{75}$
    $$\dfrac{2.2}{2} \;=\; 1.5 \;=$$
  - V(재하속도) 빠르면
  - T(재하시간) 짧으면 ┐ K 大
  - E(지반변형계수) 大
  - D(근입깊이) 깊으면 ┘
- 항복지지력 결정방법
  - ⟨$P-S$법⟩
  - ⟨$\log P - \log S$법⟩
  - ⟨$S-\log t$법⟩
  - ⟨$dS/d\log t - P$법⟩
- Scale effect
  - 기초판크기의 영향
- 적용 시 유의사항·문제점
  ① 토층분포조사 : $2B$까지 / 균질 → 신뢰성 大
  ② 지하수위변동
  ③ 기초판크기영향
  ④ 기초근입깊이
  ⑤ 인접재하
  ⑥ 부등침하

시험하중=설계하중×(2~3)
$\left(\dfrac{1}{5} \sim \dfrac{1}{8}\right)$: 단계별 하중
15분간 침하량 1/100mm 이하이면 다음 단계하중 재하

변형계수(E_s)

- 실내 시험 : $E_s = \dfrac{\sigma_f}{2} \cdot \dfrac{2}{\varDelta \varepsilon_a}$ [일축 압축시험 / 삼축 압축시험]
- 현장시험
  - SPT : $E_s = \mu N$
  - PBT : $E_s = (1 - v^2)BI_s K_v$
  - PMT : $E_s = (1 + v)R_m \dfrac{\varDelta P}{\varDelta R}$
- 경험도표 $= E_s$ 산정

초기 접선변형계수 : 탄성계수(E_t)
할선변형계수 : 탄성계수(E)
탄성 탄소성 (종)

침하와 침지압

가요성 기초의 중심침하량=모서리탄성침하량의 2배
$$S = q_0 B \dfrac{1-v^2}{E_s} I_s$$
탄성침하영향계수 : 정방형 기초

	중심	모서리
	1.12	0.56

구분	침하	점토	침지암	사질토
연성기초 (가요성 침하)	다름 (지우변침량)	$p=q_d$ $p=\dfrac{q_d}{2}$		$p=q_d$
강성기초	동일 (드변침량)	$p=q_d$		$p=q_d$

구분	기초판	가정 지반	침지압분포	적용성
설계법	강체	선형탄성체	직선	독립매트기초 (면적 小 기초)
설계법	탄성체	탄성스프링	곡선	전면매트기초 (면적 大 기초)

전면기초(Mat Foundation)

- 설계방법
  - 강성기초판(Rigid F)
  - 연성기초판(Winkler F)
- 모델링

⟨강성기초판⟩ V

$$P = \dfrac{V}{BL} \qquad P_{max} = \dfrac{V}{A}\left(1 + \dfrac{6e}{B}\right)$$

⟨연성기초판⟩
$$P = K_v \varDelta S$$

- 점토 $q_u = q_0$ 지지력
- 사질토 $q_u = q_0 \dfrac{B}{B_0}$

점토 $S = S_0 \dfrac{B}{B_0}$ 사질토 $S = S_0 \left(\dfrac{2B}{B+0.3}\right)^2$

균질(×) ⇒ 공식 · 현장시험과 종합

- 실제기초 : $K_v = K_{30}\left(\dfrac{B+0.3}{2B}\right)^2$, $K_v = K_{30}\left(\dfrac{B_0}{B}\right)$
- Mat 기초
  - 지지력
  - 침하량 : $S_i = \dfrac{q_d}{K_v}$
  - 적용
  - E

제10장 말뚝 기초

말뚝지지력 검토 - 말뚝침하량 검토 - 말뚝재하시험 - 부마찰력 - 축방향응 - 말뚝하중전이 - 암반지지 현 · 타말뚝

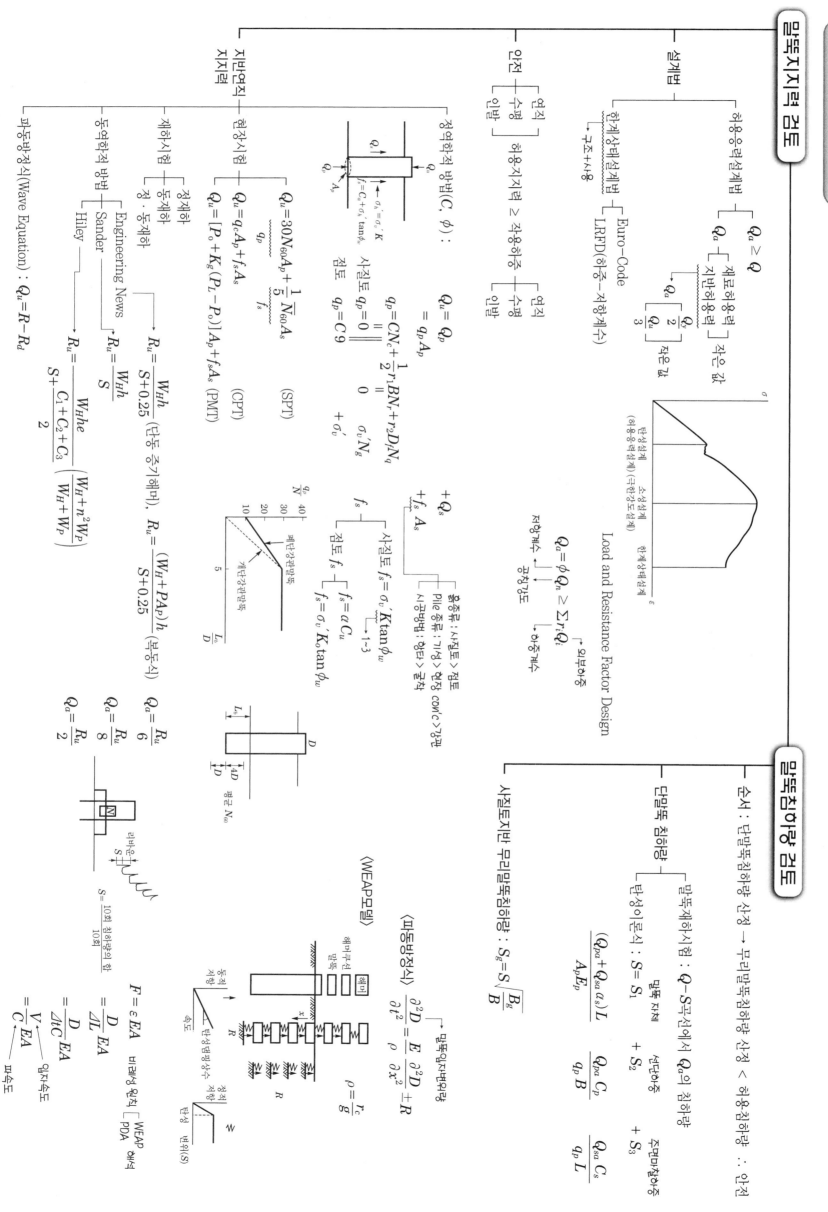

말뚝재하시험

정재하 ─┬─ 완속재하시험 : 지지력, 침하량
　　　　└─ 등속도관입시험 : 극한지지력
동재하
정·동재하(Statnamic Test)
양방향 재하

☐ 정재하시험

1) 완속재하시험

① 시험방법

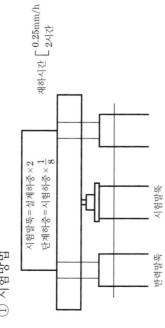

재하시간 $\left[\begin{array}{l} 0.25mm/h \\ 2시간 \end{array}\right]$

시험말뚝 = 설계하중 × 2
단계하중 = 시험하중 × $\dfrac{1}{8}$

② 해석방법 : $Q_a \left[\begin{array}{l} \dfrac{Q_u}{3} \\ \dfrac{Q_y}{2} \end{array}\right]$ 작은 값

극한지지력(Q_u)　㉠ Davisson　$Q_a = \dfrac{Q_u}{2}$

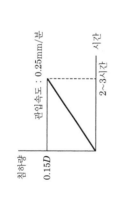

$S_t = \dfrac{QL}{AE_p}$

$x \left[\begin{array}{l} D>600mm : x=3.81+\dfrac{D}{120} \\ D \leq 600mm : x=\dfrac{D}{30} \end{array}\right]$

㉡ Mazurkiewicz

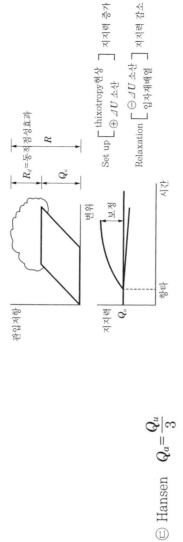

㉢ Hansen　$Q_a = \dfrac{Q_u}{3}$

항복지지력(Q_y)　㉠ $\log Q - \log S$

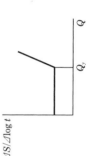

㉡ $S - \log t$

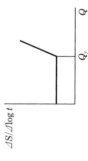

㉢ $\Delta S/\Delta \log t - Q$

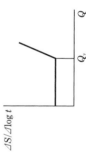

2) 등속도관입시험

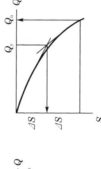

관입속도 : 0.25mm/분

① 마찰말뚝 ─┐
② 극한지지력 ├ 적용
③ 말뚝경의 15% 침하까지 시험 ─┘

② 동재하시험

① 시험방법 : 파동방정식이론 근거 ─$\left[\begin{array}{l} PDA \\ CAPWAP \end{array}\right]$ 해석

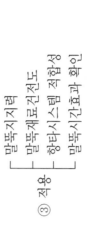

PDA(Pile Driving Analyser)

② 해석방법 : $Q_u = R - R_d$

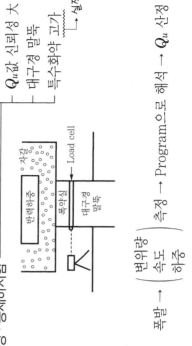

$\left. \begin{array}{l} \text{Set up} \\ \text{Relaxation} \end{array} \right[\begin{array}{l} \text{thixotropy현상} \left[\begin{array}{l} 지지력 증가 \\ \oplus \Delta U 소산 \end{array}\right] \\ \left[\begin{array}{l} \ominus \Delta U 소산 \\ 입자재배열 \end{array}\right] 지지력 감소 \end{array}$

③ 적용 ─┬─ 말뚝지지력
　　　　　├─ 말뚝재료건전도
　　　　　├─ 항타시스템 적합성
　　　　　└─ 말뚝시간효과 확인

③ 정·동재하시험

정재하와 동재하의 단점 보완
　├ Q_u값 신뢰성 大
　├ 대구경 말뚝
　└ 특수화약 고가 → 실적 미비

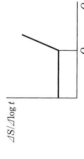

Load cell

출발 → $\left[\begin{array}{l} 변위량 \\ 속도 \\ 하중 \end{array}\right]$ 측정 → Program으로 해석 → Q_u 산정

부마찰력 · Negative (Skin) Friction

1) 정의

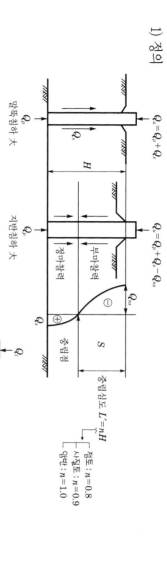

$$Q_a = Q_p + Q_s \quad (\text{말뚝침하량 大})$$
$$Q_a = Q_p + Q_s - Q_{ns} \quad (\text{지반침하량 大})$$

$$F_s = \frac{\sigma_y A_o}{Q_t + Q_{ns}} \quad \begin{cases} \geq 1.5 & \text{안전} \\ < & \text{불안전} \end{cases}$$

중립점 $L' = nH$
- 점토 : $n = 0.8$
- $n/$실트 : $n = 0.9$
- 암반 : $n = 1.0$

2) 문제점
- 말뚝 파손
- 지지력 감소 ── 연직 / 수평
- 말뚝 사이의 공극

3) 부마찰력크기

$$Q_{ns} = \alpha C_u \pi D L' \quad (A_s') \quad (\text{단말뚝})$$
$$Q_{ns} = \sigma' K_s \tan\phi_w A_s'$$
$$Q_{ns} = r' L' AB \quad (\text{무리말뚝})$$

4) 원인

연약지반 침하 ── 성토 / 수위 저하 / 항타 → Preloading공법

5) 대책

d 小 ── 이중관 Pile / Tapered Pile / SL(Slip Layer) Pile
무리말뚝 말뚝강성 증가

수평말뚝

1) 수평거동의 주체
〈주동말뚝〉
〈수동말뚝〉

2) 수평지지력

〈말뚝〉 수평력
〈지반반력법〉

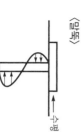
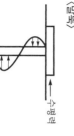

3) 예

〈지반〉 — 연약층 / 지지층 — 수평력 → 축방향응력
〈간편법〉 — 연약층 / 지지층 — 축방향응력

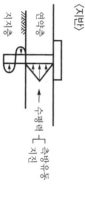

측방유동

1) 원인 규명

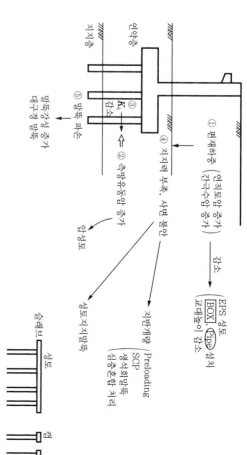

면제하중 ── 연직토압 증가 / 간극수압 증가
지지력 부족, 측방 붕괴
측방유동압 증가
말뚝강성 증가 → 대구경 말뚝
K_h 감소
말뚝 파손 → 지반개량

2) 대책
- EPS 성토 ── BOX, 암거 설치 / 교체하중 감소
- Preloading SCP ── 생석회말뚝 / 심층혼합 처리

3) 측방유동압(P_l) 산정 ── 경험식 / 지반반력법

경험식 : $P_{hmax} = 0.8rHD$
지반반력법 : $P_h = K_h \delta_h D$

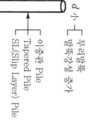

4) 판정(평가방법)

① 측방유동지수(F) $= \dfrac{C}{rH}\cdot\dfrac{1}{D}$ ≥ 0.04 안전

② 측방이동판정지수(I) $= \mu_1\mu_2\mu_3\dfrac{rH}{C}$ < 1.5 안전

$$\mu_1 = \frac{D}{l}, \quad \mu_2 = \frac{\Sigma d}{B}, \quad \mu_3 = \frac{D}{A}$$

③ 측방이동판정지수(M) $= \alpha\dfrac{rH}{C}$ < 1.5 안전

$$\alpha = \frac{\Sigma dD}{AB}$$

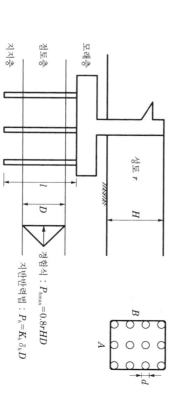

말뚝하중전이

지지력

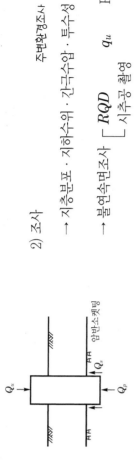

Q_u
Q_p
Q_s
하중전이점
타입말뚝 Q_s
매입말뚝 Q_s=타입말뚝 $Q_s × \dfrac{1}{2}$
침하

1) 발생기구(메커니즘)

말뚝지반 파괴 (침하)
하중전이 이전 → Q_s 부담 ①
이후 → Q_p 부담 ②

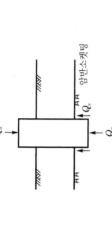

2) 분석방법

① 실험적인 방법
  하중계 부착 시험말뚝
  정재하시험
  깊이별 지지력측정

Load cell
강판말뚝
현타말뚝

② 이론적인 방법

  하중전이함수법 : $\Delta Q_i = f W_i$
  탄성고체법 : $\Delta Q_i = f_{si} \pi D \Delta L$

함수
변위량

$$Q_a = \dfrac{Q_s}{1.5} + \dfrac{Q_p}{3}$$

Q
ΔL
$Q \cdot W$
$Q \cdot t$

3) 이용

지지력비 = $\dfrac{Q_s}{Q_p}$
Q_u 말뚝침하량

암반지지 연·타입말뚝

1) 지지력

일축압축강도법
q_u

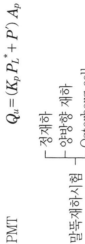

Q_u
Q_p
암반소케팅

$$Q_a = \dfrac{Q_p + Q_s}{8}$$

$Q_p = q_u A_p$

$Q_s = (2.3\text{~}3)\sqrt{f_w}\,A_s$
암반 q_u, con'c q_u 작은 값

암반근입길이법
L_f

$$Q_a = \dfrac{Q_p + Q_s}{3}$$

$Q_p = q_u K(d) A_p$
경험계수
깊이계수 $d = 1+0.4\dfrac{L_f}{D} \le 3.4$

$Q_s = b\sqrt{\dfrac{q_u}{P_a}}\,P' A_s$
대기압

암반연속면 고려 $Q_u = N_{ms} q_u A_p + 0.144 f_{SR} A_s$
불연속면계수

PMT $Q_u = (K_p P_L^* + P') A_p$

말뚝재하시험
  정재하
  양방향 재하 — Osterberg cell
  정·동재하

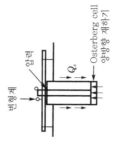

변형계
Osterberg cell
양방향 재하기
압력
Q_u

2) 조사

주변암 조사
  → 지층분포·지하수위·간극수압·투수성
  → 불연속면조사 — RQD
    시추공 촬영

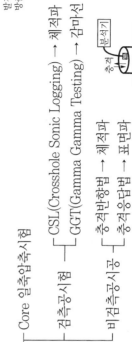

q_u PMT

3) 말뚝품질검사

전반 → 말뚝재하
국부 → 진전도검사
  콘크리트품질 (Slime영향 / Neck영향) 검사
  말뚝위치 없음

Core 일축압축시험
검층공시험
비검층공시험 —
  CSL(Crosshole Sonic Logging) → 제적파
  GGT(Gamma Gamma Testing) → 감마선
  충격반향법 → 제적파
  충격응답법 → 표면파

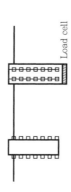
발진기·방출기
수진기·감지기
L大, 제하시험(×) 정확위치

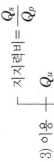
충격기
분석기
L小, 제하시험, 개략위치

제11장 지반조사

조사항목 - SPT - CPT - 공내수평재하시험 - 제측관리

조사항목

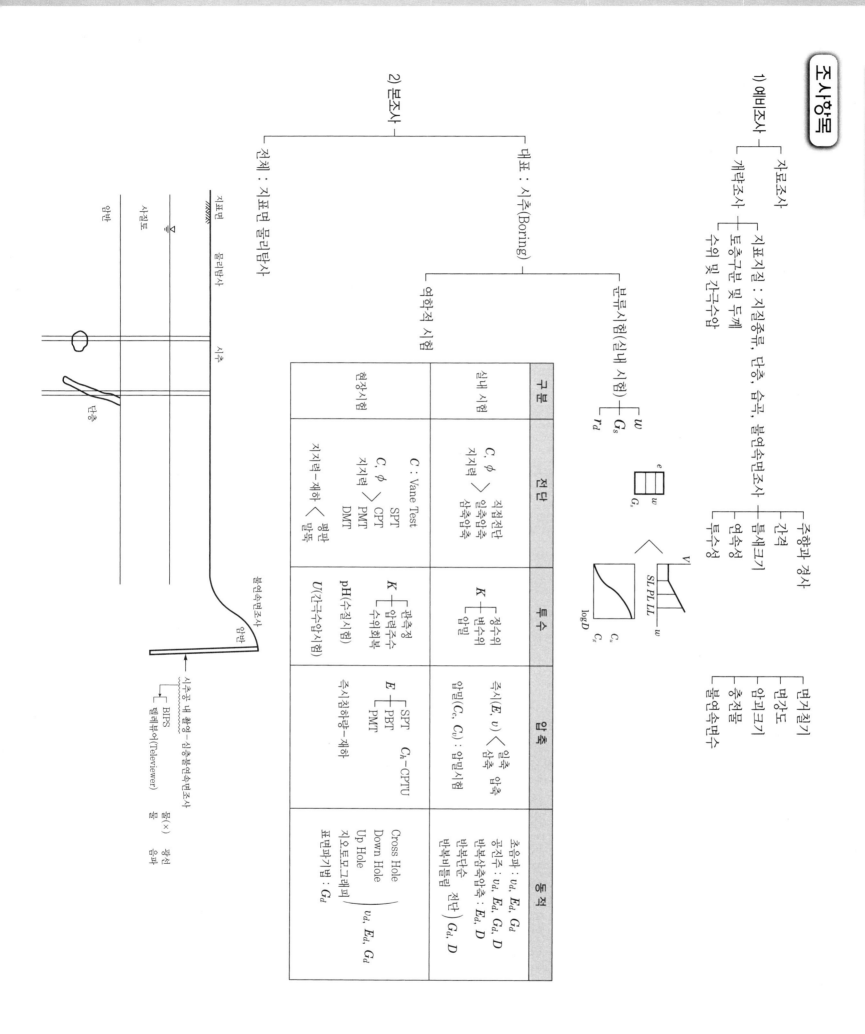

SPT Standard Penetration Test

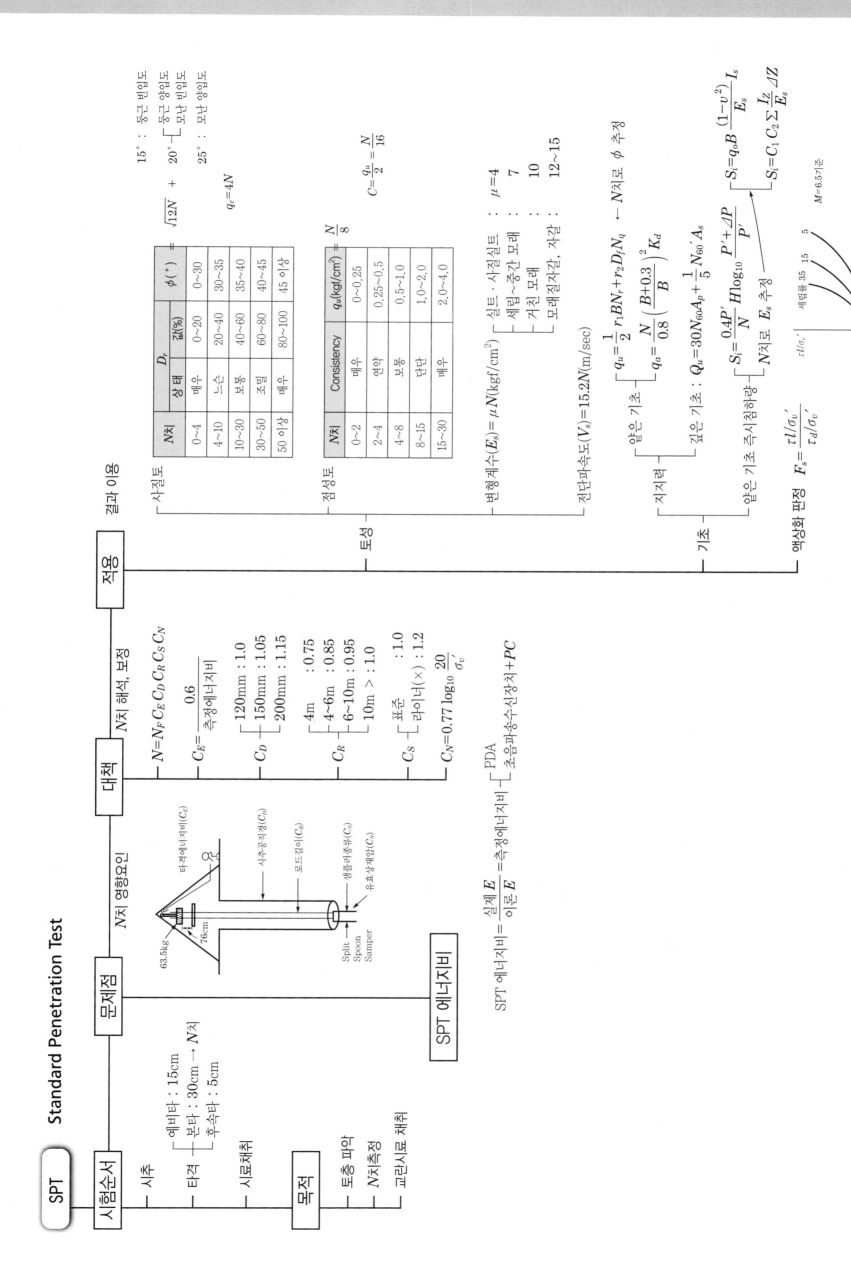

시험순서
- 시추
- 타격 ─ 예비타 : 15cm / 본타 : 30cm → N치 / 추속타 : 5cm
- 시료채취

목적
- 토층 파악
- N치측정
- 교란시료 채취

문제점
- N치 영향요인 : 63.5kg, 76cm, Split Spoon Samper — 타격에너지비(C_E), 시추공직경(C_D), 로드길이(C_R), 샘플러종류(C_S), 유효상재압(C_N)
- SPT 에너지비 $= \dfrac{\text{실제}\,E}{\text{이론}\,E} = \dfrac{\text{측정에너지비}}{\text{이론에너지비}}$ ─ PDA / 초음파충수신장치 + PC

대책 : N치 해석, 보정

$$N = N_F C_E C_D C_R C_S C_N$$

$C_E = \dfrac{0.6}{측정에너지비}$

C_D ─ 120mm : 1.0 / 150mm : 1.05 / 200mm : 1.15

C_R ─ 4m : 0.75 / 4~6m : 0.85 / 6~10m : 0.95 / 10m > : 1.0

C_S ─ 표준 : 1.0 / 라이너(×) : 1.2

$C_N = 0.77 \log_{10} \dfrac{20}{\sigma_v'}$

적용

결과 이용

사질토

N치	상태	D_r 값(%)	$\phi(°)$
0~4	매우 느슨	0~20	0~30
4~10	느슨	20~40	30~35
10~30	보통	40~60	35~40
30~50	조밀	60~80	40~45
50 이상	매우 조밀	80~100	45 이상

$\phi = \sqrt{12N} + \cdots$ 15° : 둥근 빈입도 / 20° : 둥근 양입도, 모난 빈입도 / 25° : 모난 양입도

$q_c = 4N$

점성토

N치	Consistency	$q_u(\text{kgf/cm}^2)$
0~2	매우 연약	0~0.25
2~4	연약	0.25~0.5
4~8	보통	0.5~1.0
8~15	단단	1.0~2.0
15~30	매우 단단	2.0~4.0

$C = \dfrac{q_u}{2} = \dfrac{N}{16} = \dfrac{N}{8}$

토성

변형계수 $(E_s) = \mu N (\text{kgf/cm}^2)$ 실트·사질실트 : $\mu=4$ / 세립~중간 모래 : 7 / 거친 모래 : 10 / 모래점자갈, 자갈 : 12~15

전단파속도 $(V_s) = 15.2N (\text{m/sec})$

기초

지지력 ─ 얕은 기초 : $q_u = \dfrac{1}{2} r_1 B N_r + r_2 D_f N_q$ ← N치로 ϕ 추정 / $q_a = \dfrac{N}{0.8}\left(\dfrac{B+0.3}{B}\right)^2 K_d$

깊은 기초 : $Q_u = 30N_{60}A_p + \dfrac{1}{5}N_{60}'A_s$

얕은 기초 즉시침하량 : $S_i = \dfrac{0.4P'}{N} H \log_{10} \dfrac{P'+\Delta P}{P'}$ ← N치로 E_s 추정

$S_i = q_0 B \dfrac{(1-v^2)}{E_s} I_s$

$S_i = C_1 C_2 \sum \dfrac{I_z}{E_s} \Delta Z$

액상화 판정 $F_s = \dfrac{\tau l/\sigma_v'}{\tau_d/\sigma_v'}$

M=6.5기준 세립률 35 15 5 / $\tau l/\sigma_v'$ / N_{60}

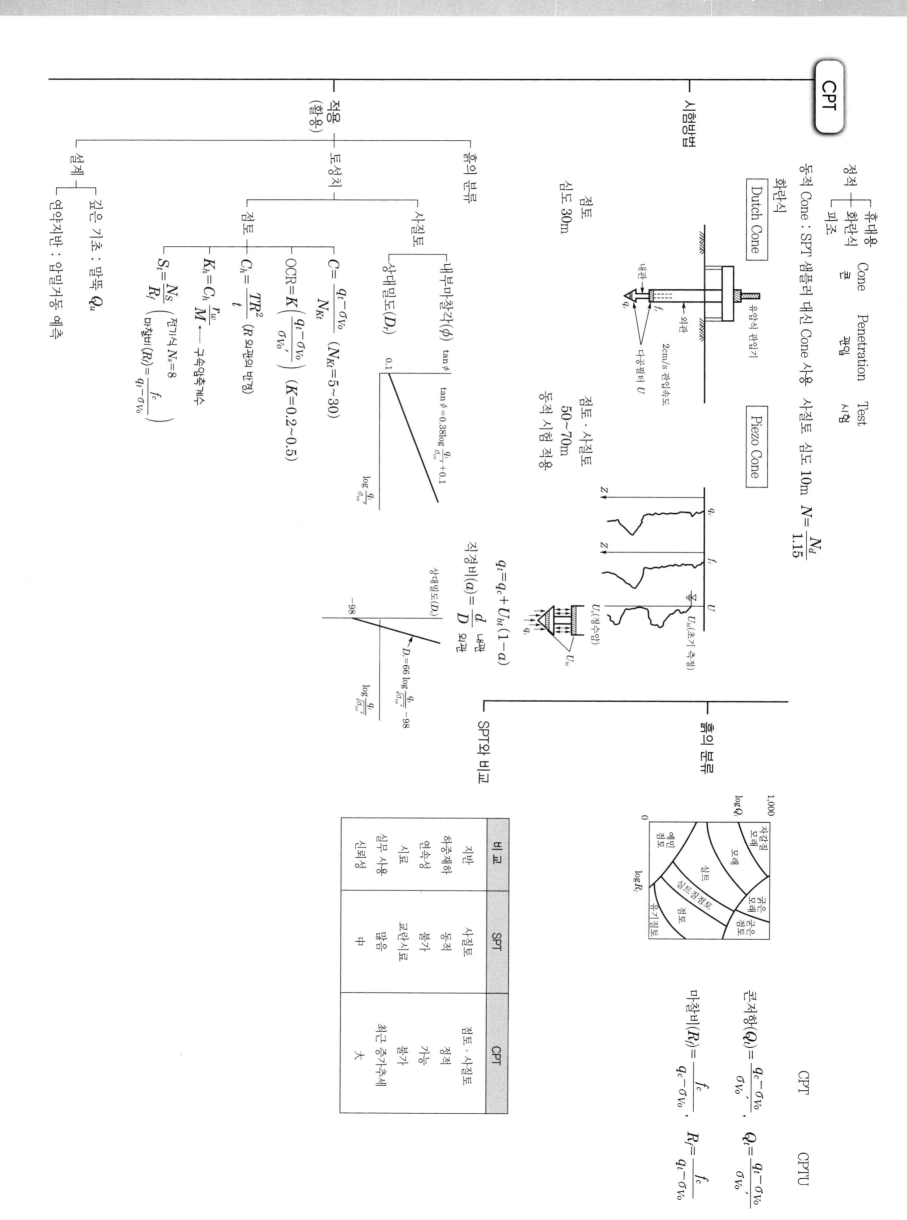

CPT

시험방법
- 정적 ┬ 휴대용 ┬ 화란식 ─ 피조
  │   └ 화란식
  └ Cone Penetration Test 시험
- 동적 Cone : SPT 샘플러 대신 Cone 사용. 사질토 심도 10m $N = \dfrac{N_d}{1.15}$

Dutch Cone — 내관, 외관, 2cm/s 관입속도, 유압식 관입기, q_c, f_s

Piezo Cone — q_t, U_{bt}(정수압), $U(점수압)$, U_{bt}(초기 측정), z

종류 분류
- 점토 심도 30m
- 점토·사질토 50~70m 동적 시험 적용

$q_t = q_c + U_{bt}(1-\alpha)$
직경비$(\alpha) = \dfrac{d_{내면}}{D_{외면}}$

CPT / CPTU

콘저항$(Q_t) = \dfrac{q_c - \sigma_{vo}}{\sigma'_{vo}}$, $Q_t = \dfrac{q_t - \sigma_{vo}}{\sigma'_{vo}}$

마찰비$(R_f) = \dfrac{f_c}{q_c - \sigma_{vo}}$, $R_f = \dfrac{f_c}{q_t - \sigma_{vo}}$

SPT와 비교

비교	SPT	CPT
지반	사질토	점토·사질토
하중재하	동적	정적
연속성	불가	가능
시료	교란시료	불가
실무 사용	많음	보통
신뢰성	中	최근 증가추세 大

적용(활용)
- 흙의 분류
- 토성치 ┬ 사질토 ┬ 내부마찰각(ϕ) : $\tan\phi = 0.38\log\dfrac{q_t}{\sigma'_{vo}} + 0.1$
  │   │   └ 상대밀도(D_r) : $D = 66\log\dfrac{q_t}{\sqrt{\sigma'_{vo}}} - 98$
  │   └ 점토 ┬ $C = \dfrac{q_t - \sigma_{vo}}{N_{kt}}$ $(N_{kt} = 5\sim30)$
  │   ├ $OCR = K\left(\dfrac{q_t - \sigma'_{vo}}{\sigma'_{vo}}\right)$ $(K = 0.2\sim0.5)$
  │   ├ $C_h = \dfrac{TR^2}{t}$ (R 외관의 반경)
  │   ├ $K_h = C_h\dfrac{r_w}{M}$ ← 구속압축계수
  │   └ $S_t = \dfrac{N_s}{R_f}$ (전기식 $N_s=8$), 마찰비$(R_f) = \dfrac{f_c}{q_t - \sigma_{vo}}$
  └ 설계 ┬ 깊은 기초 : 말뚝 Q_u
          └ 연약지반 : 압밀거동 예측

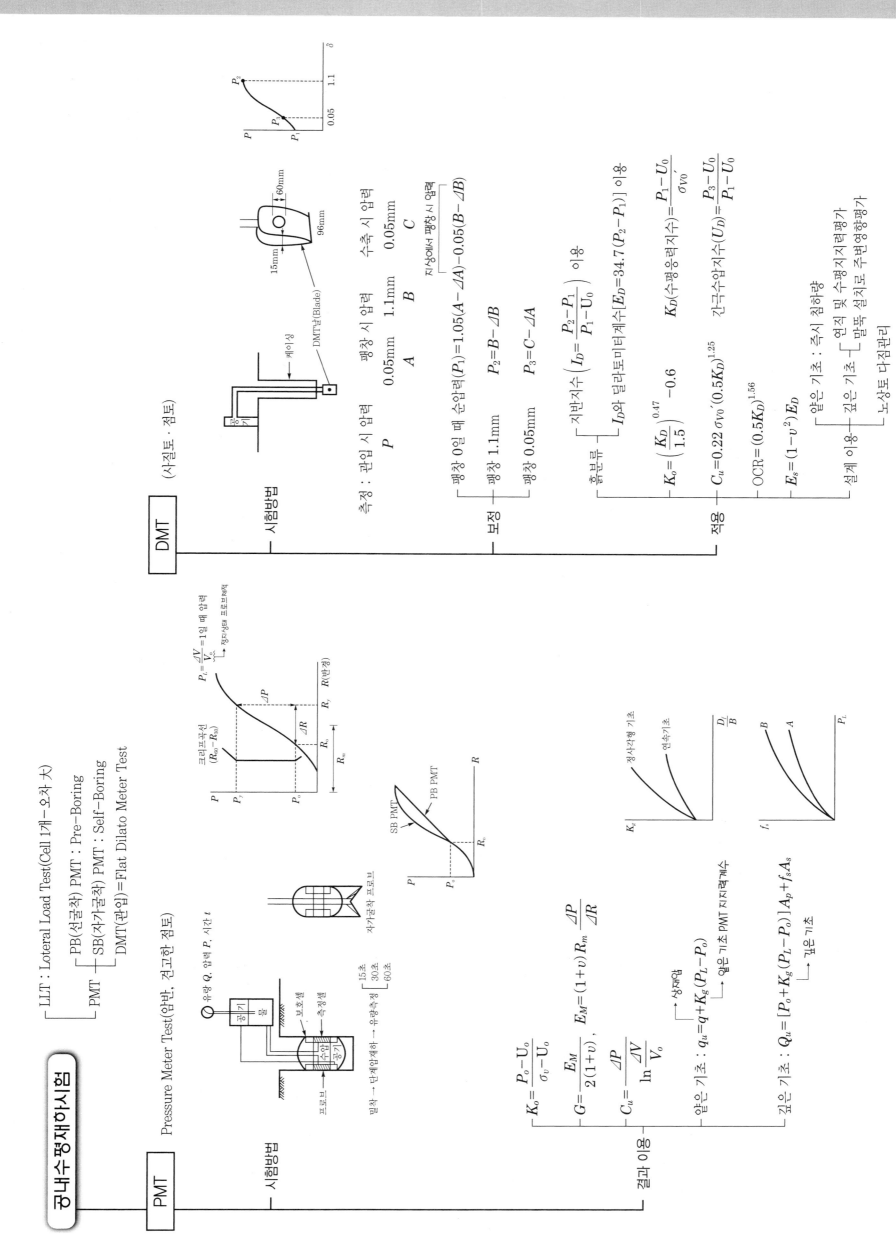

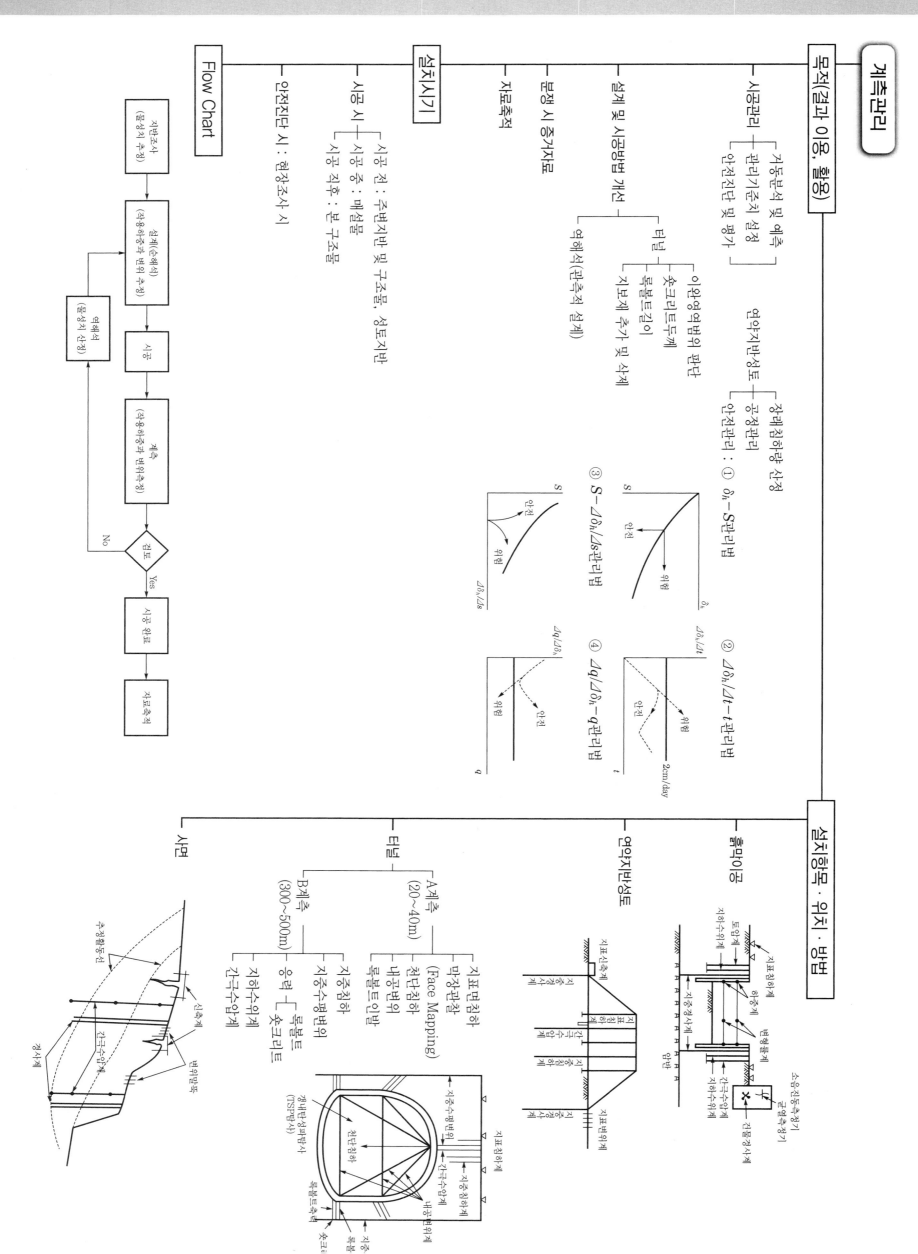

계측관리

목적(결과 이용, 활용)
- 시공관리 및 예측
  - 기준단면 및 관리기준치 설정
  - 안전진단 및 평가
- 설계 및 시공방법 개선
  - 역해석(관측적 설계)
    - 이완영역범위 판단
    - 숏크리트두께
    - 록볼트길이
    - 지보재 추가 및 삭제
- 분쟁 시 증거자료
- 자료축적

연약지반성토
- 장래침하량 산정
- 공정관리
- 안전관리 : ① $\delta_h - S$관리법
  ② $\Delta\delta_h/\Delta t - t$관리법
  ③ $S - \Delta\delta_h/\Delta s$관리법
  ④ $\Delta q/\Delta\delta_h - q$관리법

설치시기
- 시공 전 : 주변지반 및 구조물, 성토지반
- 터널
  - 시공 전
  - 시공 중 : 배설물
  - 시공 직후 : 본 구조물
- 안전진단 시 : 현장조사 시

Flow Chart
지반조사 (물성치 추정) → 설계(순해석) (적용하중과 변위 추정) → 시공 → 계측 (적용하중과 변위측정) → 검토
- Yes → 시공 완료 → 자료축적
- No → 역해석 (물성치 산정) → 설계(순해석)

설치항목 · 위치 · 심도
- 흙막이
- 연약지반성토
- 터널
  - A계측 (20~40m)
  - B계측 (300~500m)
- 사면

문제점 · 대책 - 개량공법의 종류 - 모래다짐말뚝공법 - 약액주입공법 - 동다짐 - 심층혼합처리 - 연직배수공법 - 진공압밀공법 - 토목섬유

제12장 연약지반

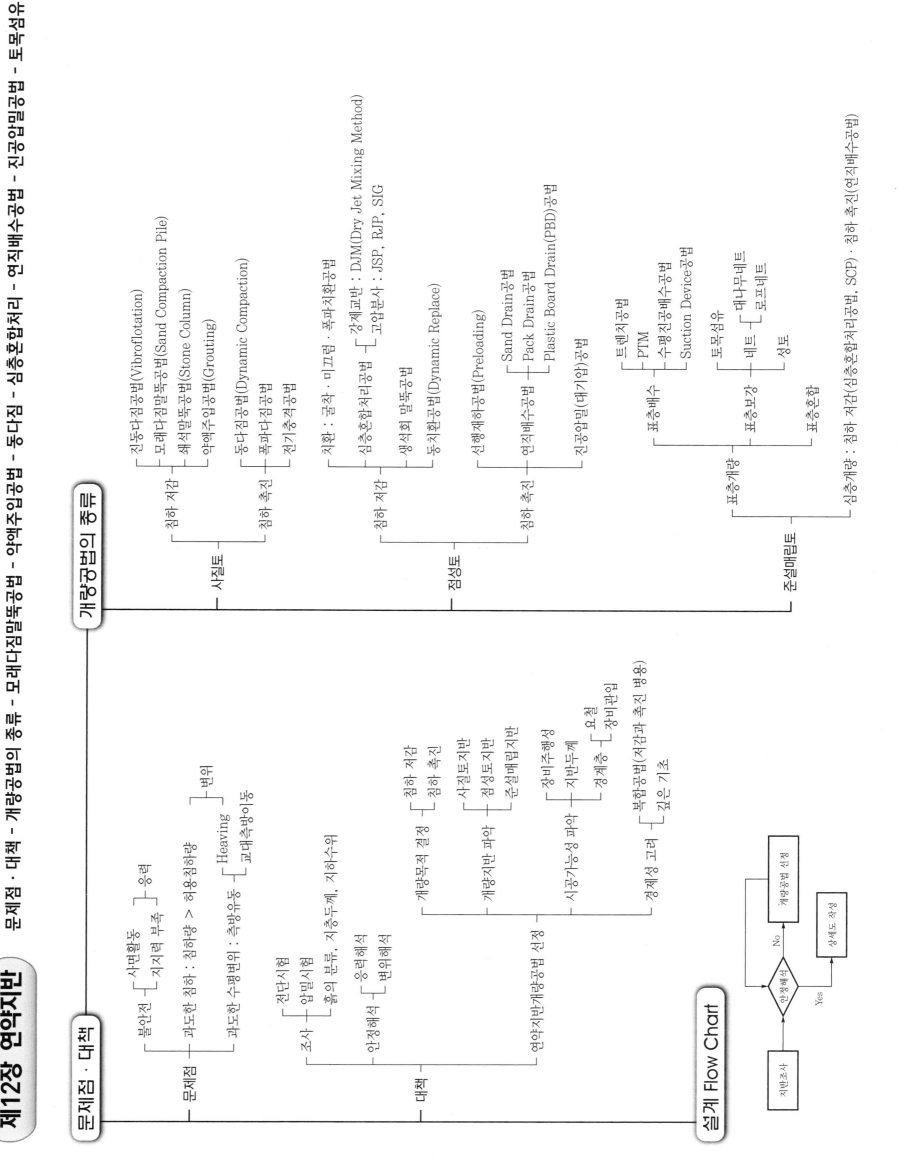

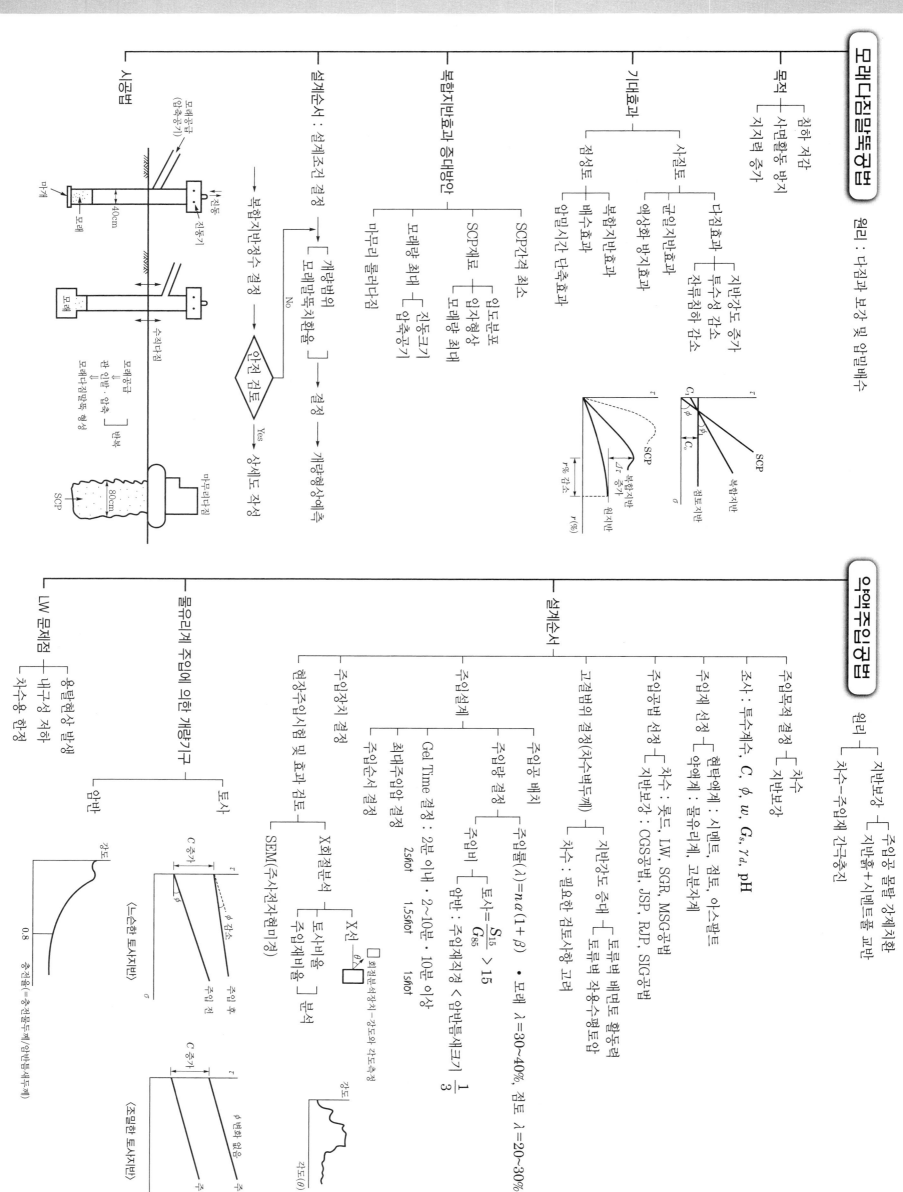

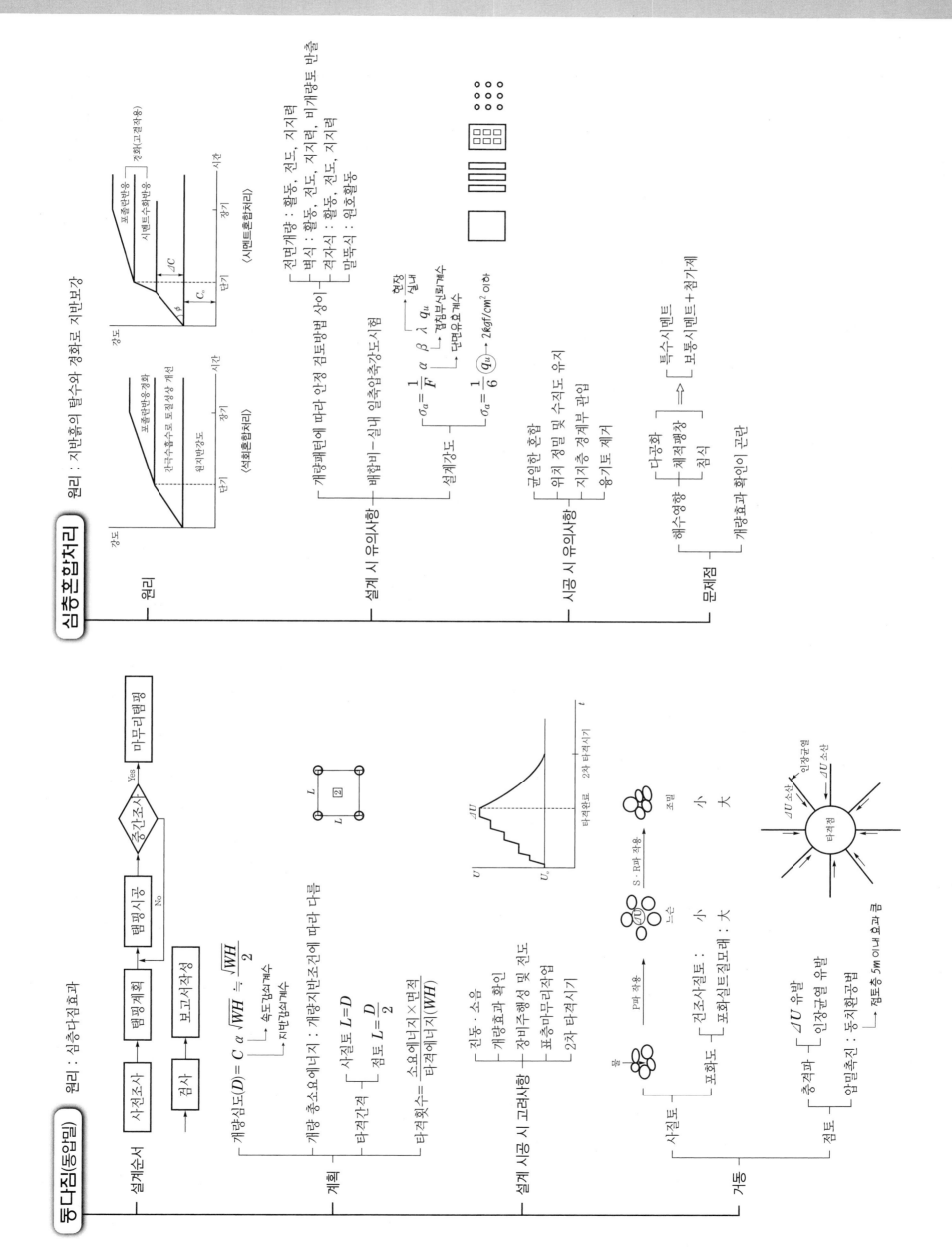

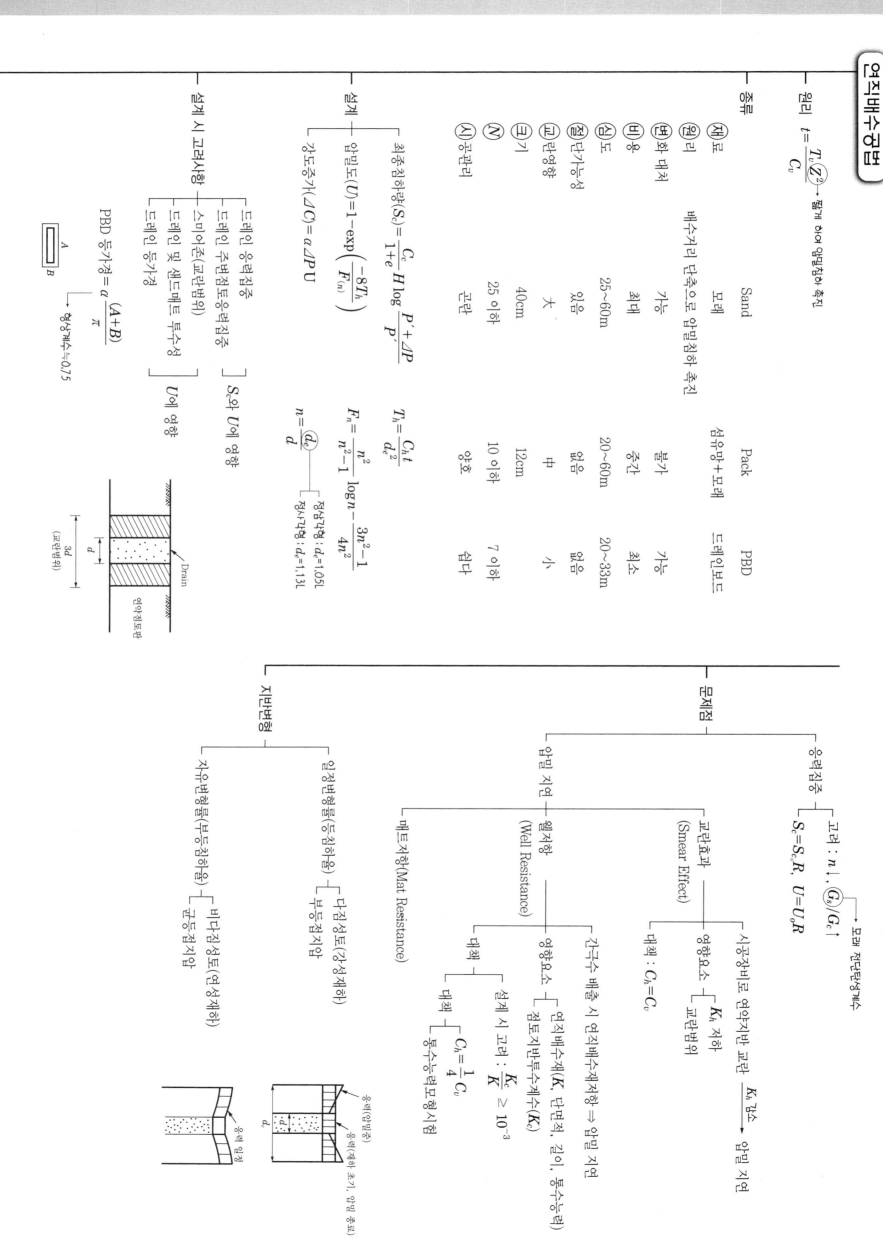

토목섬유

- 기능
  - 보강 – Geogrid
  - 분리
  - 배수 ── Geotextile
  - 필터
  - 차수 – Geomembrane

진공압밀공법(대기압공법)

원리 : 간극수압을 감소시켜 유효응력을 증가

원리

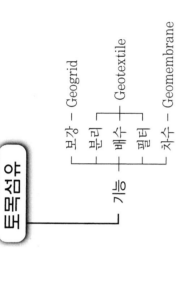

시공도

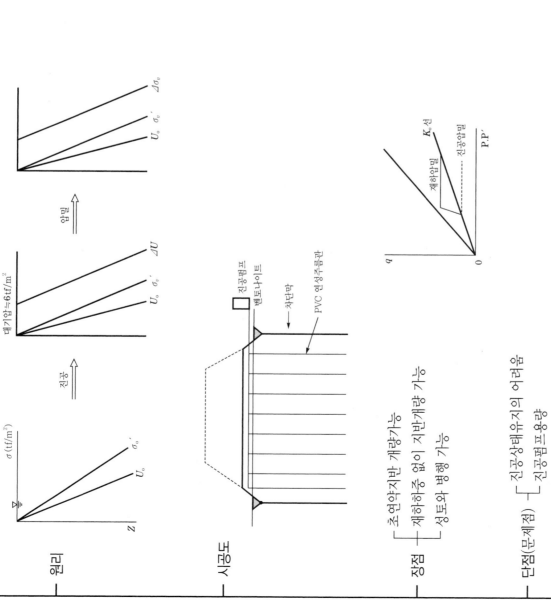

진공펌프
벤토나이트
차단막
PVC 연성주름관

장점
- 중연약지반 개량가능
- 재하하중 없이 지반개량 가능
- 성토와 병행 가능

단점(문제점)
- 진공상태유지가 어려움
- 진공펌프 소요량

연직배수공법과 차이점 (재하압밀)

차이점	재하압밀	진공압밀
드레인	모래, Pack, Paper	PVC 연성주름관
수평배수	Sand mat	Sand mat + 배수관
차단막	없음	있음
압밀상태	이방압밀	등방압밀

제13장 폐기물 매립

매립장 건설 – 매립지 건설 – 오염정화기술

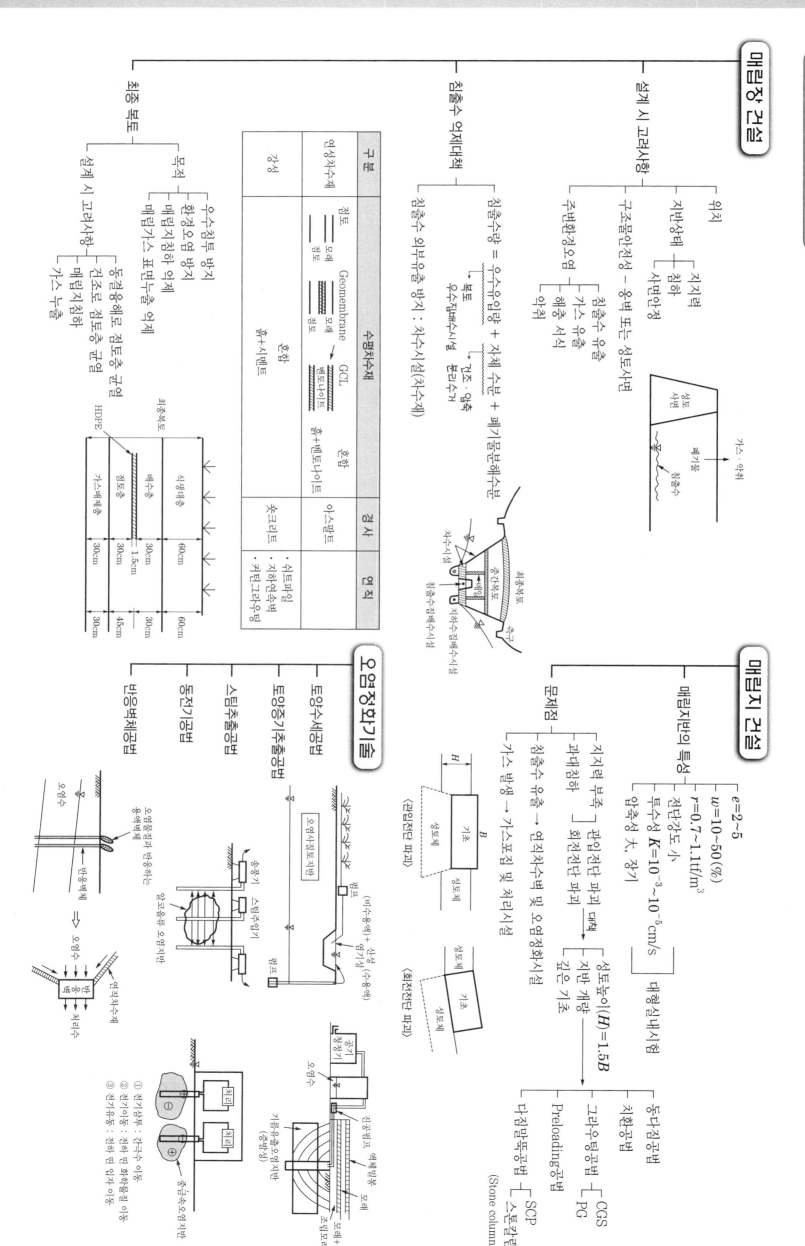

제14장 암반

암의 종류 - 연암 - 암반의 분류 - 암반시험

암의 종류

크기
- 정수값
- 암석(신선암)
- 암반(불연속면 존재)
- REV (대표체적크기), 대상체적크기
- 암석과 암반 중간

생성

종류		원인	해당 암	불연속면 종류	원인	연장선	건설공사 영향	종류	
화성암	관입암 :	마그마 내부냉각	화강암	절리	응력변화	수cm~수m	정미	절리	판상절리 주상 전단
	분출암 :	마그마 지표냉각	현무암						
퇴적암		퇴적물고결(석화)	역암, 사암, 이암(셰일암)	층리					
변성암		마그마	편마암, 편암	편리 단층	지각변동	수m~수km	지명	단층	정단층 역 수평

과정 : 퇴적 → 다짐 → 석화결합

박개 : 외부힘 작용시 일정한 방향으로 조개지는 성질

연암 (Soft Rock)

분류
- 풍화암 ┌ 풍화화강암 : 균질하게 풍화
        └ 기타 풍화암 : 절리를 따라 풍화
- 미고결퇴적연암 ┌ 세립성 퇴적암 : 사암, 이암, 화산쇄설암
                └ 비세립성 퇴적암 : 석회암

판정
- 불연속면의 간격 : 10~30cm
- $q_u \leq 200\sim500\,kgf/cm^2$
- 균열계수 $= 1 - \dfrac{E_{dm}(\text{암반})}{E_{dL}(\text{암석})} = 1 - \left(\dfrac{V_m}{V_L}\right)^2 = 0.5\sim0.65$
- 변질지수(흡수율) $= \dfrac{W_{sat}-W_S}{W_S}\times100(\%) = \dfrac{W_w}{W_S}\times100(\%)$

특징
- 풍화 정도
- 암석강도
- 상재하중
- 크리프현상 발생
- 수침 시 팽창 ┌ Swelling
              └ Slaking

상재하중	강도	변위	E
大	大	小	大
小	小	大	小

습곡 (Fold)

기본구조도

터널건설
- 평행 ┌ 향사축
       └ 배사축 : 가장 안정
- 횡단 ┌ 배사축
       └ 향사축

배사축, 향사축, 지하수 집중, 횡압력, 퇴적암, 생성, P_{max} (지압 최대)

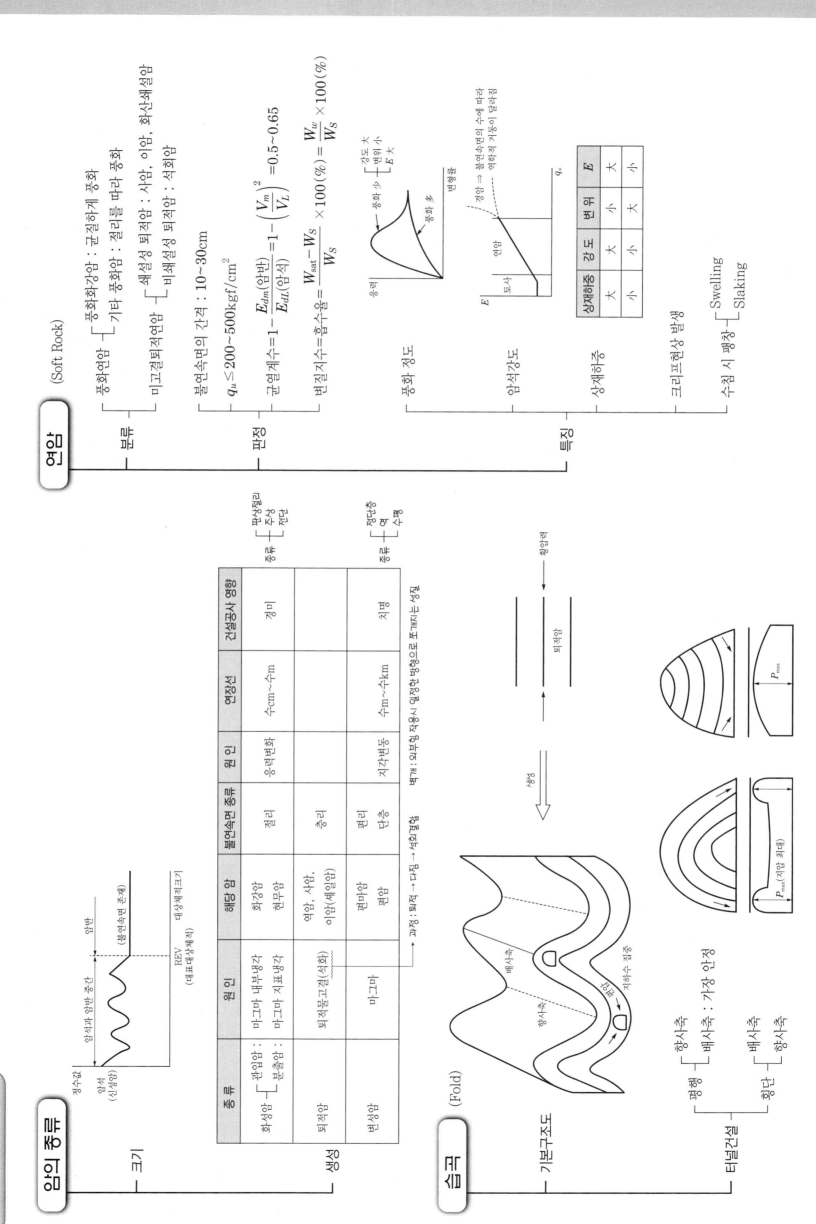

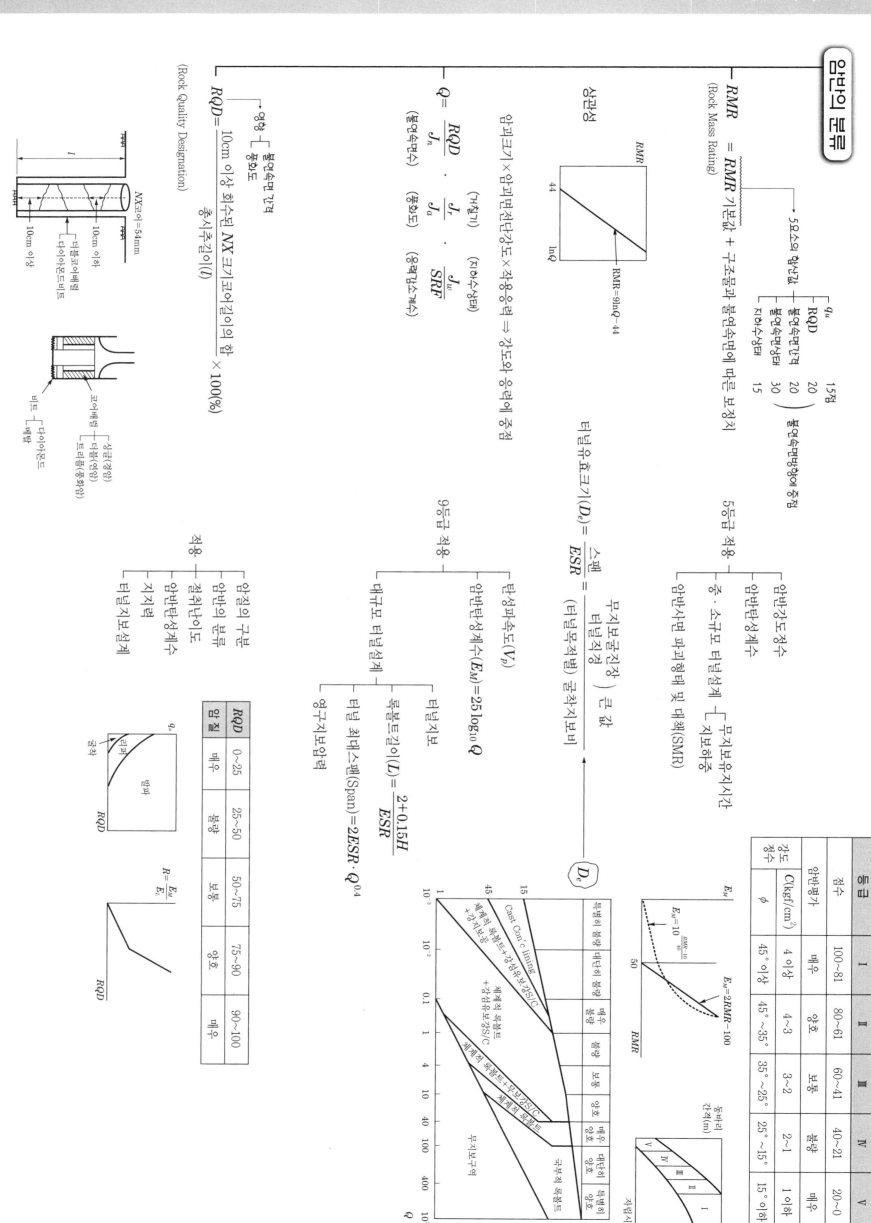

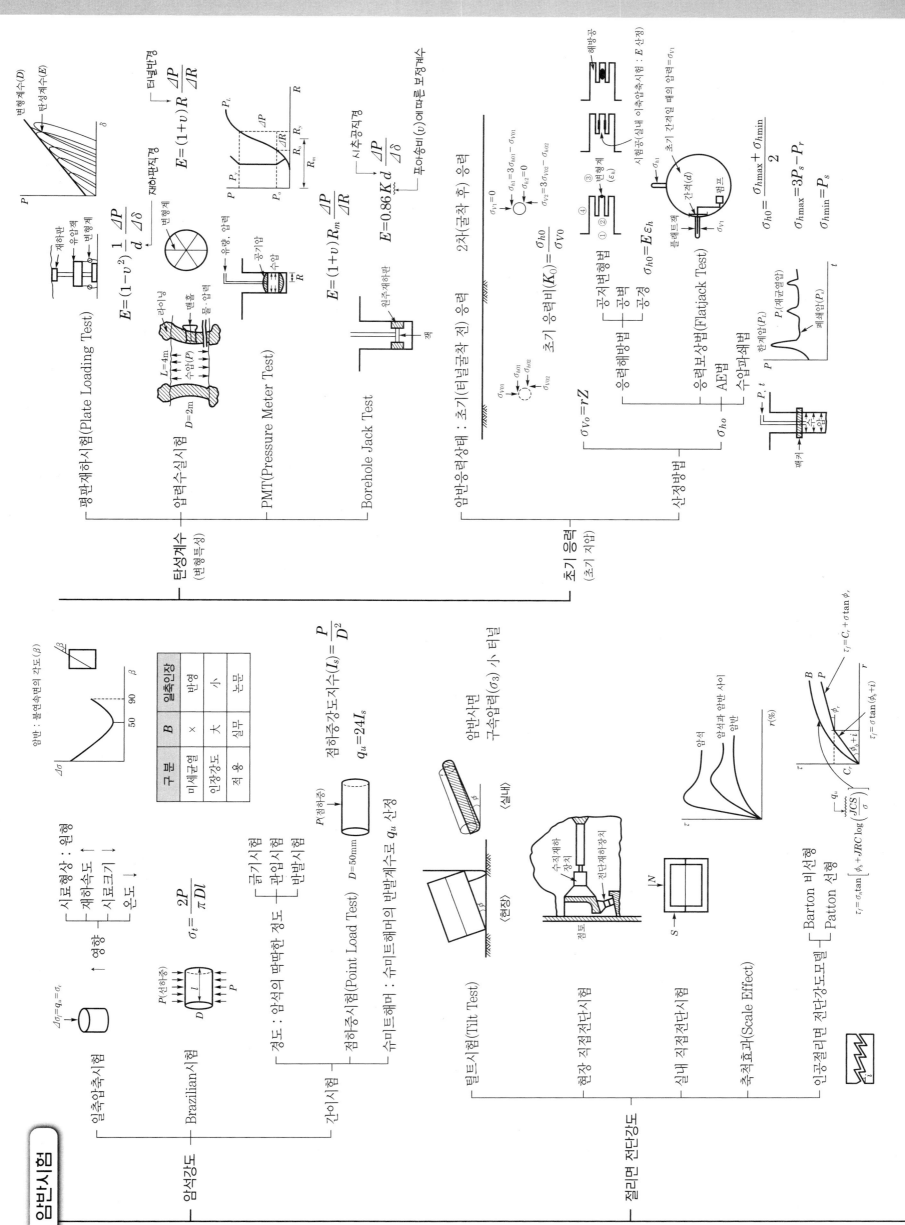

제15장 터널

설계 - 수치해석모델 - 2차원 해석법 - 지보재 - 배수조건에 대한 터널형식 - 굴착공법

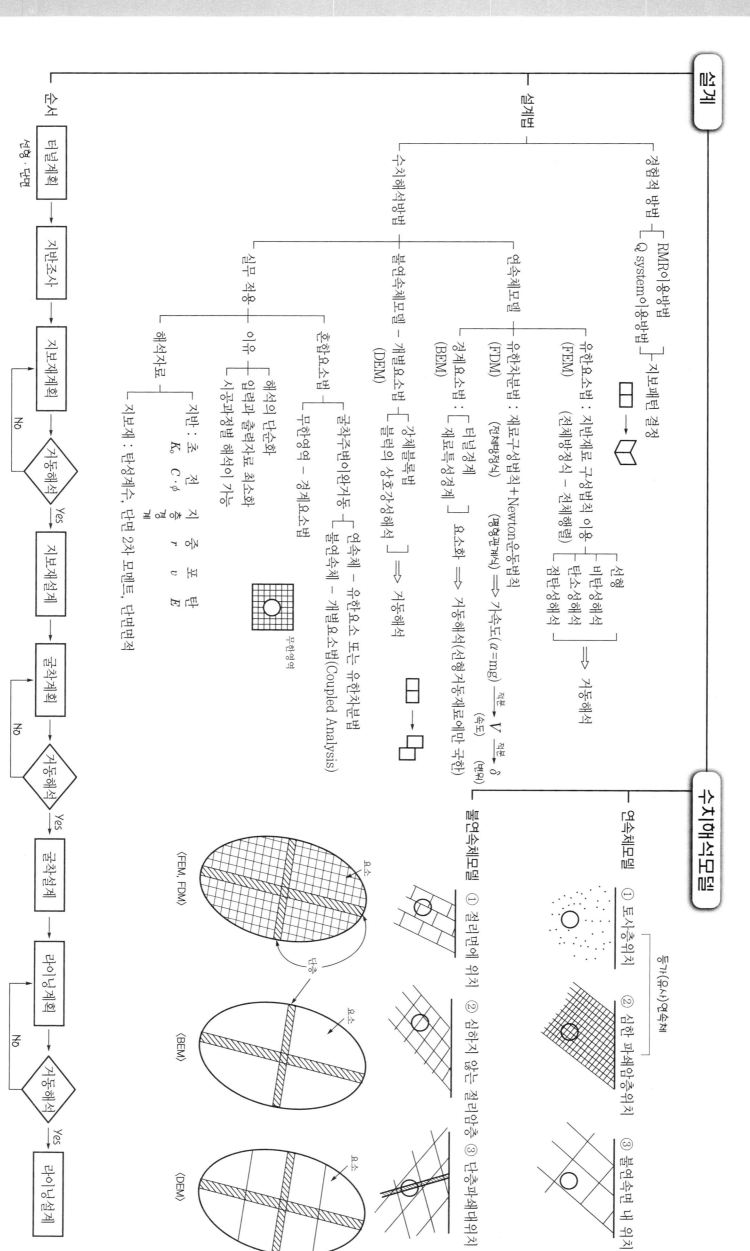

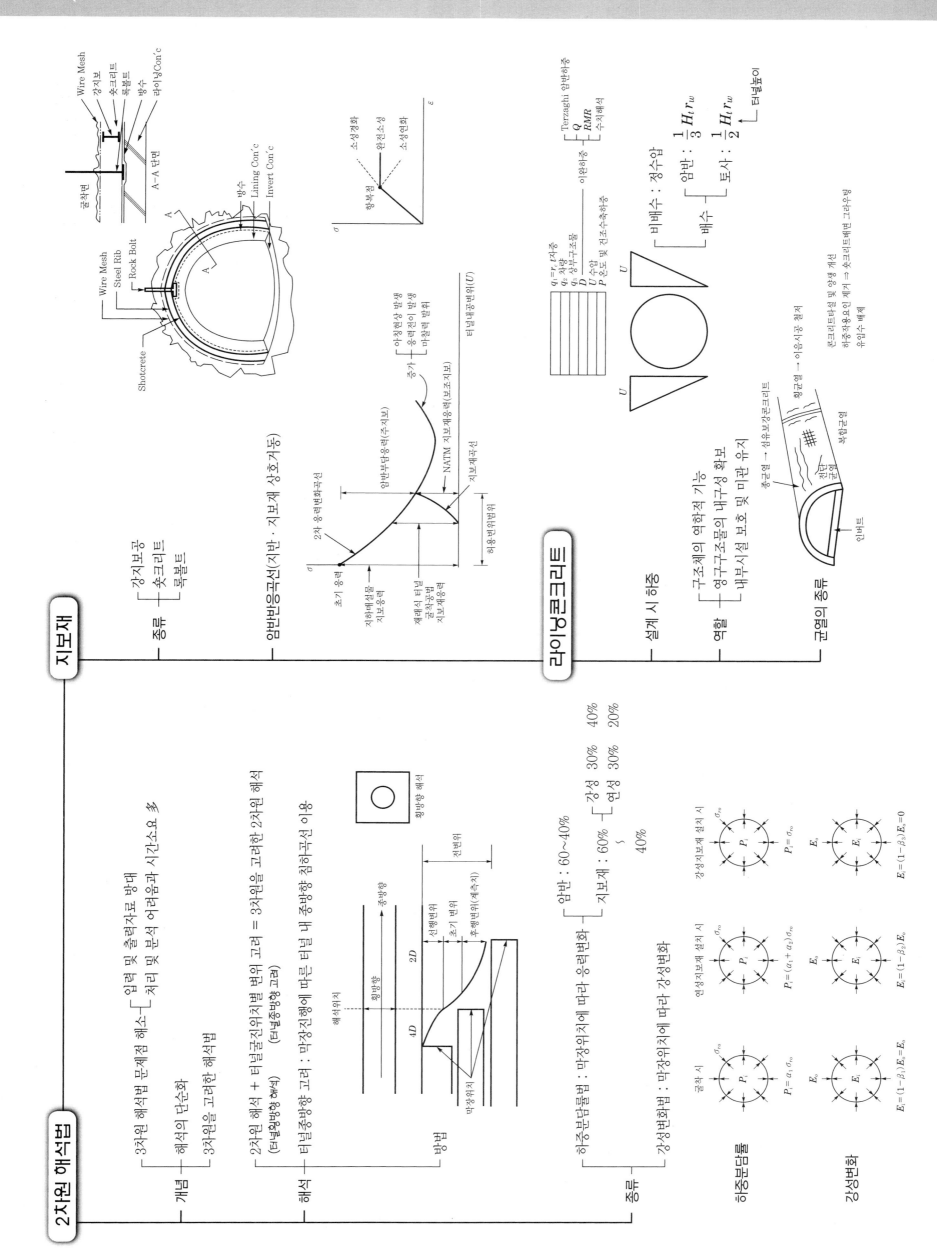

배수조건에 대한 터널형식 | **굴착공법**

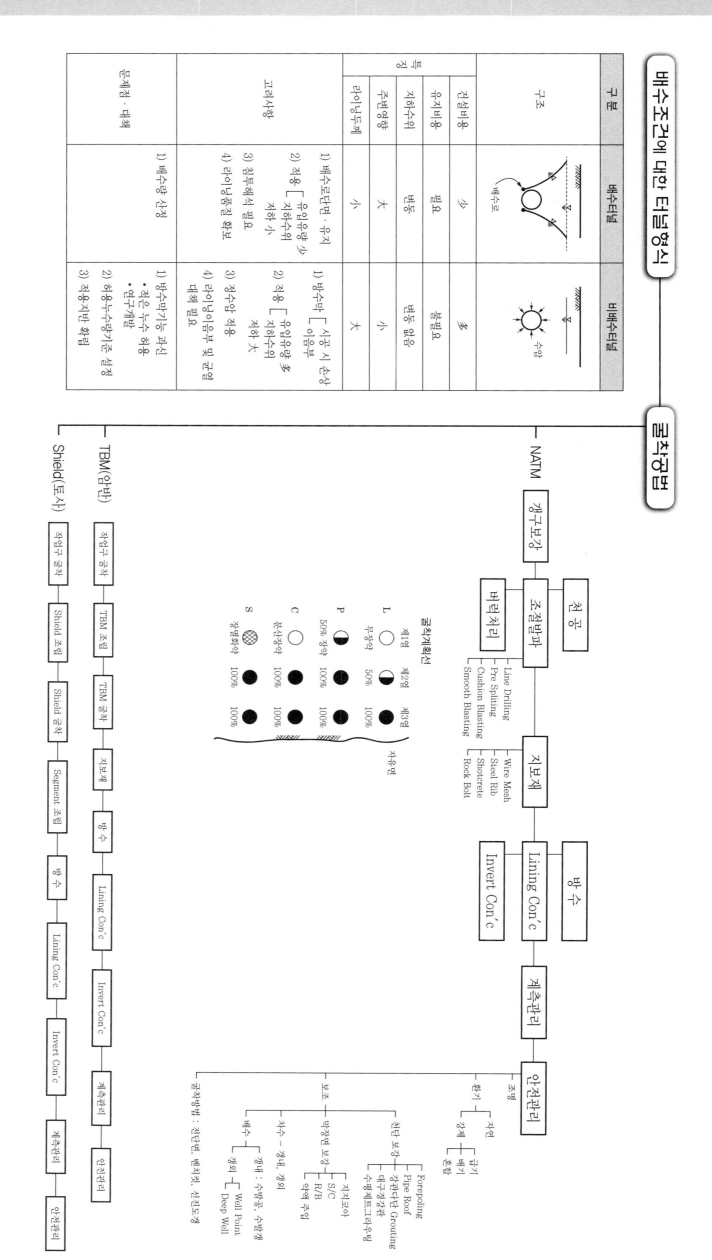

배수조건에 대한 터널형식

구분		배수터널	비배수터널
구조		(배수로)	(수압)
특징	라이닝두께	小	大
	주변영향	大	小
	지하수위	변동	변동 없음
	유지비용	필요	필요없음
	건물비용	少	多
고려사항		1) 배수로단면·유지 2) 적용 [유입유량 少 / 지하수위 저하 小] 3) 침투해석 필요 4) 라이닝응력 확보	1) 방수막 [시공 시 손상 / 이음부] 2) 적용 [유입유량 多 / 지하수위 저하 大] 3) 정수압 적용 4) 라이닝이음부 및 균열 대책 필요
문제점·대책		1) 배수량 산정	1) 방수막기능 파손 [접은 누수 허용 / 연구개발] 2) 허용누수량기준 설정 3) 적용지반 확립

굴착공법

NATM
천공 → 장약 → 조절발파 → 지보재 → Lining Con´c → 계측관리 → 안전관리

조절발파
- Line Drilling / Pre Spiling / Cushion Blasting / Smooth Blasting
- Wire Mesh / Steel Rib / Shotcrete / Rock Bolt

굴착계획선
	제1열	제2열	제3열
L	무장약	50%	100%
P	50% 장약	100%	100%
C	분산장약	100%	100%
S	집면화약	100%	100%

지보재 → Invert Con´c
방수

계측관리
- 조명 [자연 / 강제 [배기 / 흡입]]
- 환기 [크기 / 배기]
- 보조 [천단 보강 [Forepoling / Pipe Roof] / 막장면 보강 [S/C / R/B / 약액 주입] / 지지코아]
- 지수 [개내 : 수발공, 수발갱 / 개외 [Well Point / Deep Well]]
- 배수
- 굴착방법 [전단면, 벤치컷, 선진도갱]

TBM(암반)
작업구 굴착 → TBM 조립 → TBM 굴착 → 지보재 → 방수 → Lining Con´c → Invert Con´c → 계측관리 → 안전관리

Shield(토사)
작업구 굴착 → Shield 조립 → Shield 굴착 → Segment 조립 → 방수 → Lining Con´c → Invert Con´c → 계측관리 → 안전관리

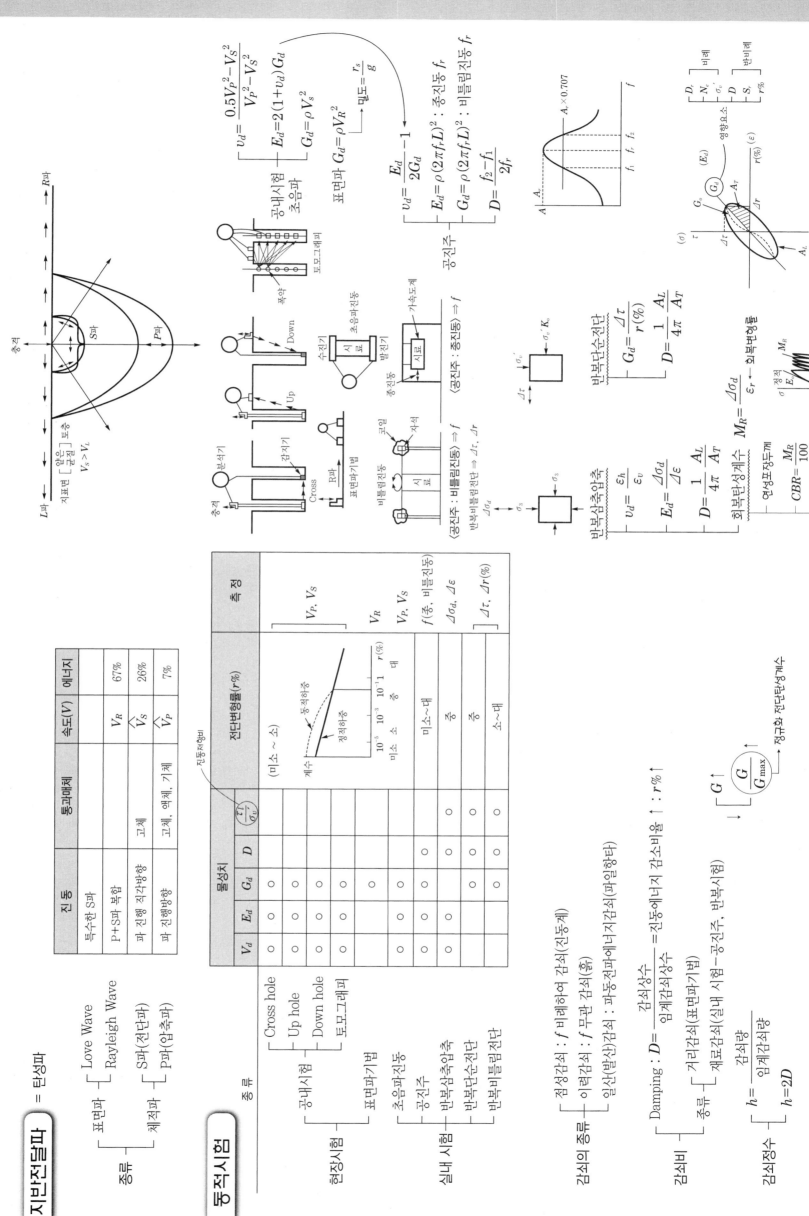

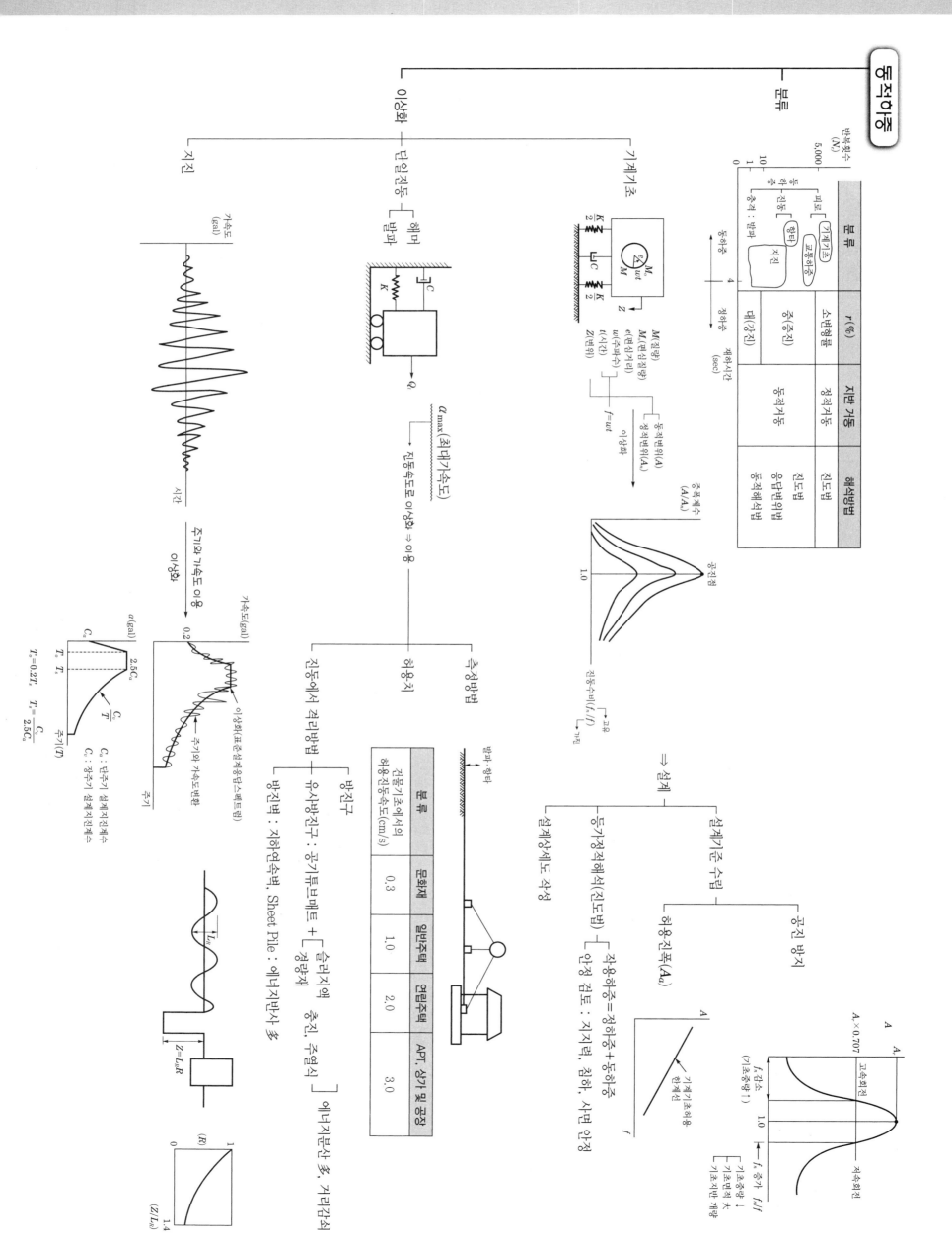

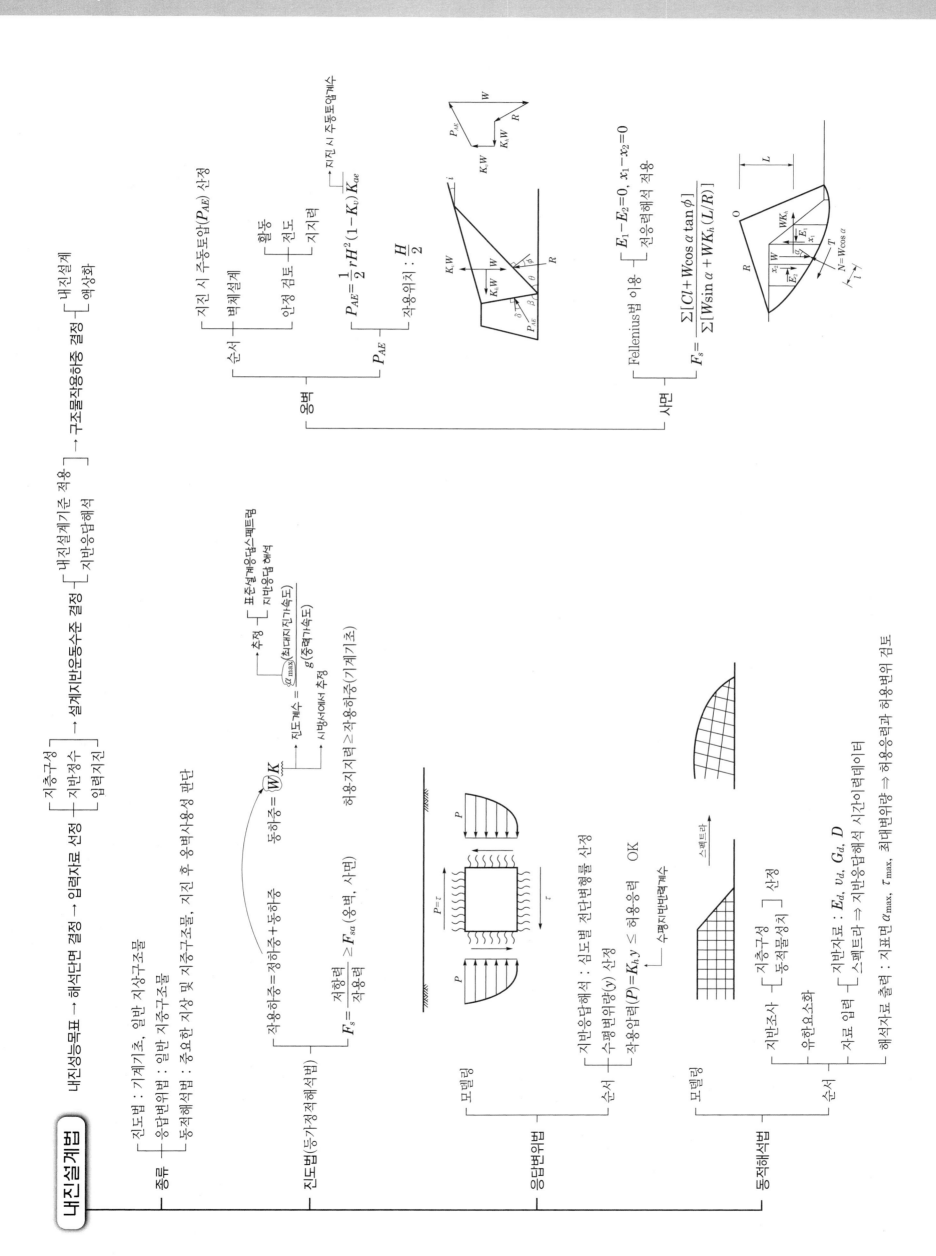

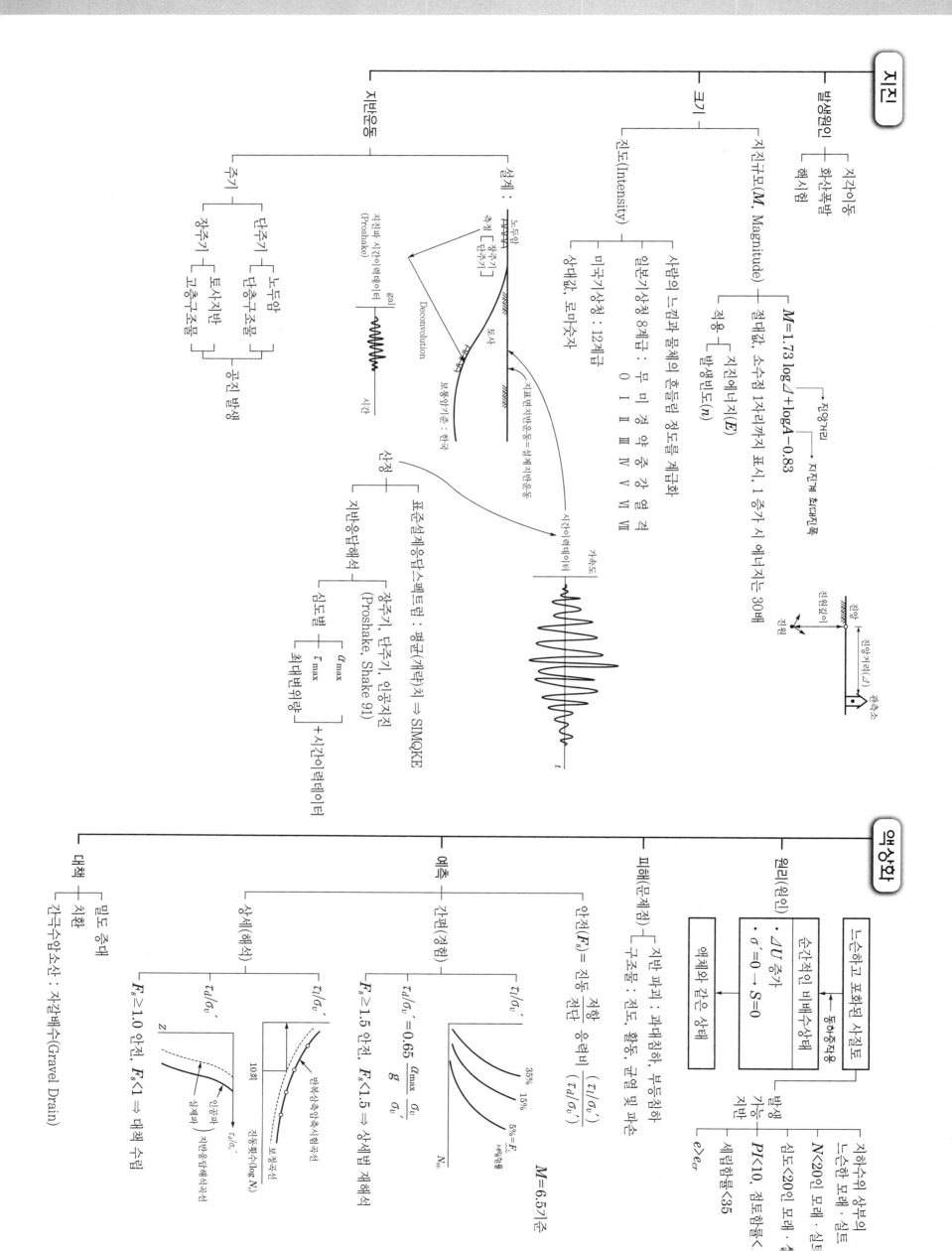

[길잡이]
토질 및 기초기술사 공종별 종합요약집

2014. 1. 23. 초 판 1쇄 발행
2018. 7. 20. 수정 1판 1쇄 발행
2023. 9. 6. 수정 1판 5쇄 발행

지은이 | 박재성
펴낸이 | 이종춘
펴낸곳 | [BM] (주)도서출판 성안당

주소 | 04032 서울시 마포구 양화로 127 첨단빌딩 3층(출판기획 R&D 센터)
10881 경기도 파주시 문발로 112 파주 출판 문화도시(제작 및 물류)
전화 | 02) 3142-0036
031) 950-6300
팩스 | 031) 955-0510
등록 | 1973. 2. 1. 제406-2005-000046호
출판사 홈페이지 | **www.cyber.co.kr**
ISBN | 978-89-315-6961-2 (13530)
정가 | 25,000원

이 책을 만든 사람들
기획 | 최옥현
진행 | 이희영
교정·교열 | 문 황
전산편집 | 이다혜
표지 디자인 | 박원석
홍보 | 김계향, 유미나, 정단비, 김주승
국제부 | 이선민, 조혜란
마케팅 | 구본철, 차정욱, 오영일, 나진호, 강호묵
마케팅 지원 | 장상범
제작 | 김유석

이 책의 어느 부분도 저작권자나 [BM] (주)도서출판 **성안당** 발행인의 승인 문서 없이 일부 또는 전부를 사진 복사나 디스크 복사 및 기타 정보 재생 시스템을 비롯하여 현재 알려지거나 향후 발명될 어떤 전기적, 기계적 또는 다른 수단을 통해 복사하거나 재생하거나 이용할 수 없음.

※ 잘못된 책은 바꾸어 드립니다.